Python 3.x

程式語言特訓教材

(第二版)

蔡明志　編　著

財團法人中華民國電腦技能基金會　總策劃

全華圖書股份有限公司　印行

商標聲明

- CSF、TQC、TQC+和 ITE 是財團法人中華民國電腦技能基金會的註冊商標。
- Python 是 Python Software Foundation 的註冊商標。
- 本書所提及的所有其他商業名稱，分別屬各公司所擁有之商標或註冊商標。

智慧財產權聲明

本基金會已竭盡全力來確保書籍內載之資訊的準確性和完善性。如果您發現任何錯誤或遺漏，請透過電子郵件 master@mail.csf.org.tw 向本會反應，對此，我們深表感謝。

▶▶ 範例程式（請下載並搭配本書使用）

http://www.chwa.com.tw/mis/pW8Sk20181212021353/72vD1x7L8720181212.rar

▶▶ 延伸練習：CODE JUDGER 學習平台

CODE JUDGER 學習平台提供「TQC+程式語言 Python3」認證之題庫，如有需要，可至平台瞭解與進行購買（http://www.codejudger.com）。

作者序

大數據(Big data)、人工智慧(Artificial Intelligent),以及機器學習(machine learning)時代的來臨,如何從龐大的資料中挖掘出有用的資訊(information),進而產生知識(knowledge),讓我們更有智慧(intelligent)。如何從巨量資料中搜尋(collect)資料,並加以分析(analysis)找出其樣式(pattern),將它用於做出決策。

當今用於 Big data 的程式語言計有 Python 與 R 語言。這兩種語言各有其使用的對象,統計學派的人會用 R 語言,而具有程式設計背景的人會用 Python 來撰寫程式,以達到其目的。若你問我這兩種語言的差異,我會告訴你 R 好比是已做好的西裝,若袖長、肩寬或腰圍不合身,便加以修改,而 Python 語言則是量身定做,完成會符合你的需求。

本書取名為「Python 3.x 程式語言特訓教材(第二版)」乃是這本書可以讓你了解 Python 常用的主題,二來若對本書融會貫通後,可以輕易的取得 TQC+的 Python 相關證照。本書包含以下幾個主題:(1)基本程式設計、(2)選擇敘述、(3)迴圈敘述、(4)進階控制流程、(5)函式、(6)串列、(7)數組、集合,以及詞典、(8)字串,(9)檔案與異常處理。

本書適用於初學者,更是教學的好幫手,除了每一章皆有豐富的綜合範例題,以及習題。綜合範例題旨在讓你測試對本章的主題了解其應用之處,而習題旨在讓你測試對本章的了解程度。好的開始是成功的一半,相信自己可以達到想要的目標,在此與你共勉之。筆者才疏學淺,對於教材內容有需要更加詳盡解說或有遺漏之處,歡迎大家不吝賜教。

蔡明志

mjtsai168@gmail.com

基金會序

有鑑於軟體設計人才乃資通訊產業未來長遠發展之根本，本會著手進行軟體人才就業職能分析，期盼能勾勒出一套完整的軟體人才應該具備的核心知識與專業技能藍圖，讓需求端之產業機構與供給端之培訓單位，都能擁有共同的人才評核與認定標準。因此，本會在以設計人才為主體之「TQC⁺ 專業設計人才認證」架構中，特別納入「軟體設計領域」及各專業設計人員考科，就是希望透過發展證照及教育推廣，快速縮短軟體人才供需的差距。本會支持教育部雙管齊下之推動，有效帶動軟體及程式設計之學習風潮。

面對未來快速變化的社會，欲解決複雜問題，必須運算思維（Computational Thinking）結合工程的務實與效率及數理方面的抽象邏輯思考。程式語言的學習，首重邏輯思考能力，Python 是美國頂尖大學裡最常用的一門程式語言，功能強大、直譯並具物件導向，常運用於科學運算、資訊處理、網站架構各方面。其簡潔易讀的特性，非常適合已有圖形化程式設計經驗，想進階學習文字式程式語言或初次進入程式設計的學習者，更專注於問題解決並擁有處理複雜資料的能力。本書亦將帶領我們更接近資料分析之運用，貼近產業需求，創造自身價值。

本會特別聘請參與 Python 程式語言認證命題之蔡明志教授，著手策畫並完成本教材內容。將技能規範完整融入當中，每章均有相關的知識觀念且收錄範例參考，您只要按照本書之引導，按部就班的演練，定能將 Python 程式語言內化成心法與實戰技能，融會貫通並運用得淋漓盡致。

面對今日嚴峻的就業環境，求職者更應具備專業技術證照，熟練技能並培養紮實能力。本會為此精心策劃本教材，協助您達成對自身之期許。待學成後，推薦您報考本會「TQC⁺ 程式語言 Python 3」之相關專業證照，它是展現自身是否具備程式設計與邏輯思維能力的最佳證明，更可保障您在專業及就業上的競爭力，開創出更多職場機會。最後，謹向所有曾為本測驗開發貢獻心力的專家學者，以及採用本會相關認證之公民營機關與企業獻上最誠摯的謝意。

財團法人中華民國電腦技能基金會

董事長 杜全昌

目錄

Chapter 1　基本程式設計

Chapter 2　選擇敘述

Chapter 3　迴圈敘述

Chapter 4　進階控制流程

Chapter 5　函式

Chapter 6　串列

Chapter 7 數組、集合，以及詞典

Chapter 8 字串

Chapter 9　檔案與異常處理

附錄

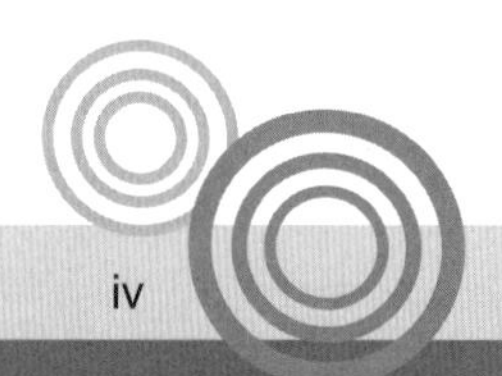

Chapter 1

基本程式設計

基本程式設計

程式設計可分為三大部份，分別是輸入、運算，以及輸出。如下圖所示：

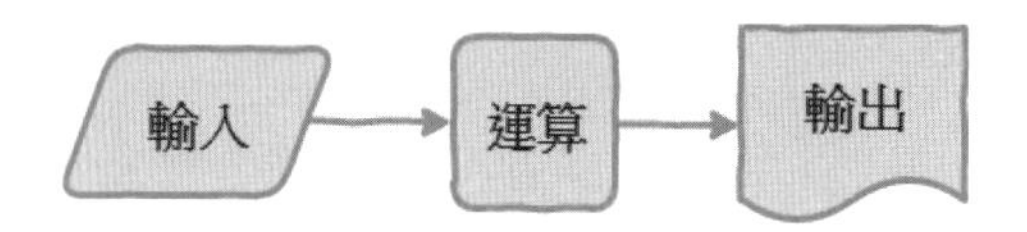

程式經由輸入資料，加以處理產生結果加以輸出。在這些步驟中可能會有錯誤（bugs），此時必須加以除錯（debug），再重新執行，直到產生正確的結果為止。

這三部份環環相扣，而且都很重要，若沒有正確的輸入資料，即使有正確的處理方法，還是會產生錯誤的結果，此即所謂的垃圾進垃圾出（garbage in garbage out，GIGO）。至於輸出結果除了先要求正確外，再要求美觀。最後的處理過程無庸置疑是程式的核心。

有了問題後，開始撰寫解決此問題的程式，需要有代表問題中項目的變數名稱，如我們要計算二個整數的和，則需要代表這二個整數與和的變數名稱，如分別是 a、b 和 total。

要注意取變數名稱儘量和所要表示的項目相接近，如上述的 total 看起來就是總和的意思，還有要遵循取變數名稱的一些規則，如下所述：

1、 變數名稱以英文字母或底線開頭，不可以其它數字或符號字元。

2、 接下來可以是數字或底線。

工欲善其事，必先利其器。所以在未進入撰寫程式前必需下載 Python 的直譯器軟體，茲說明如下。

請先到 **www.python.org** 的網站，會出現以下的畫面：

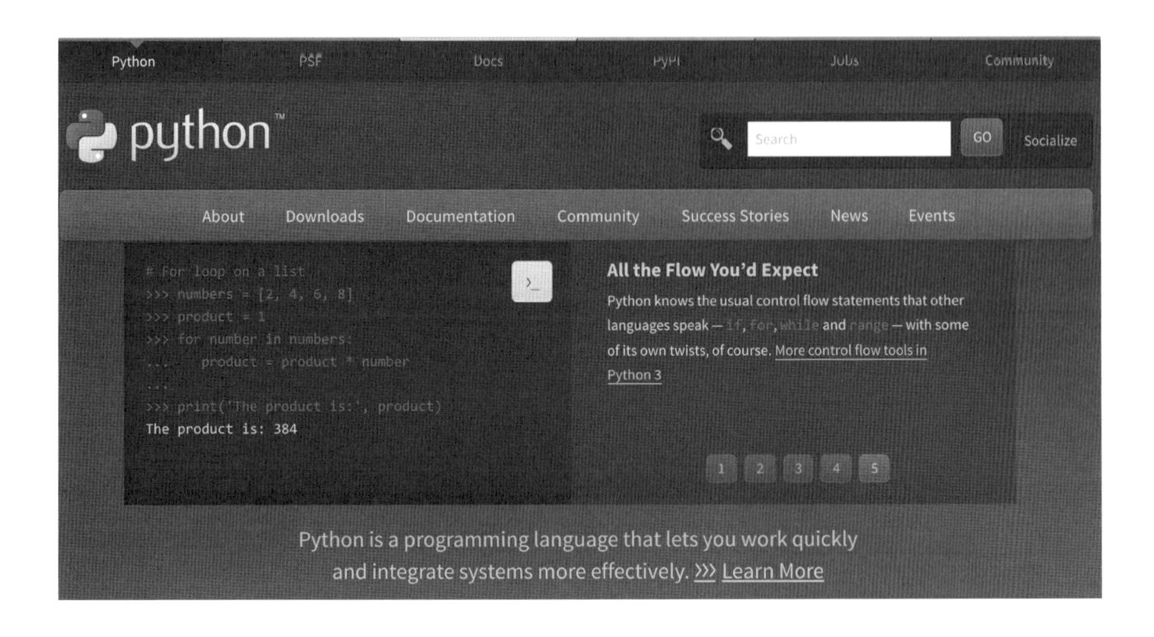

接著，選取 Downloads 選單下適當的選項，如下圖所示：

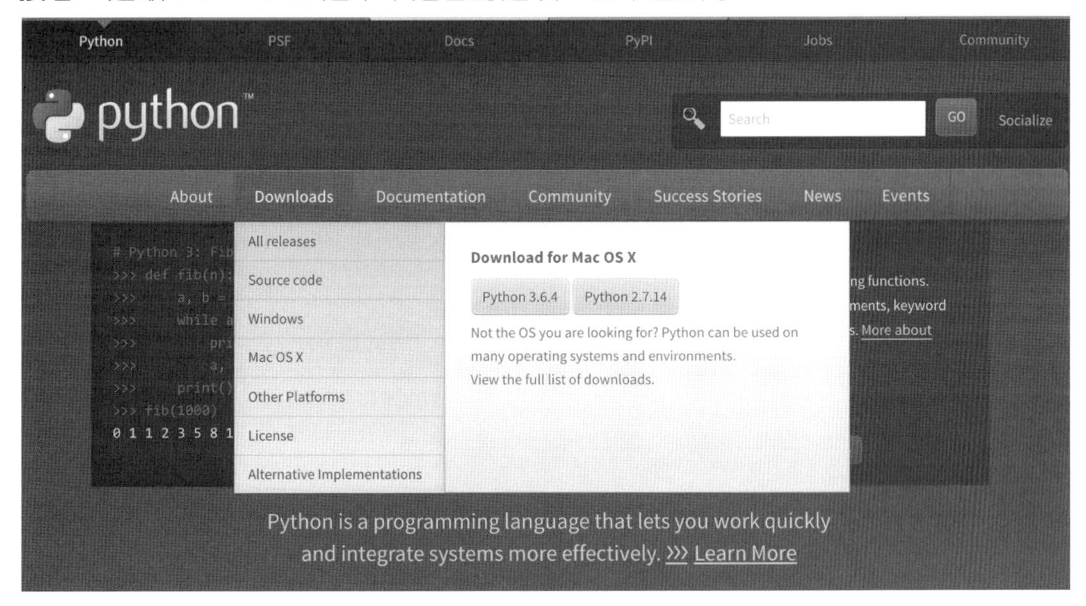

筆者是選取 **Mac OS X** 和 **Python 3.6.4**，就可以將 Python 的直譯器下載到你的應用程式中。

從應用程式中選取 Python 的圖樣，如下所示：

按此圖樣二下，就會得到以下的畫面：

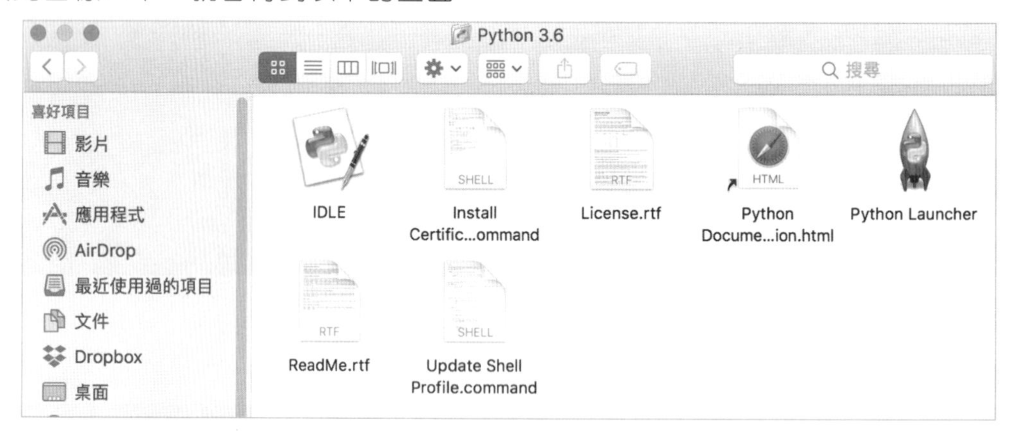

從中選取左上角的 IDLE 圖樣，就可以撰寫程式了，如下圖所示：

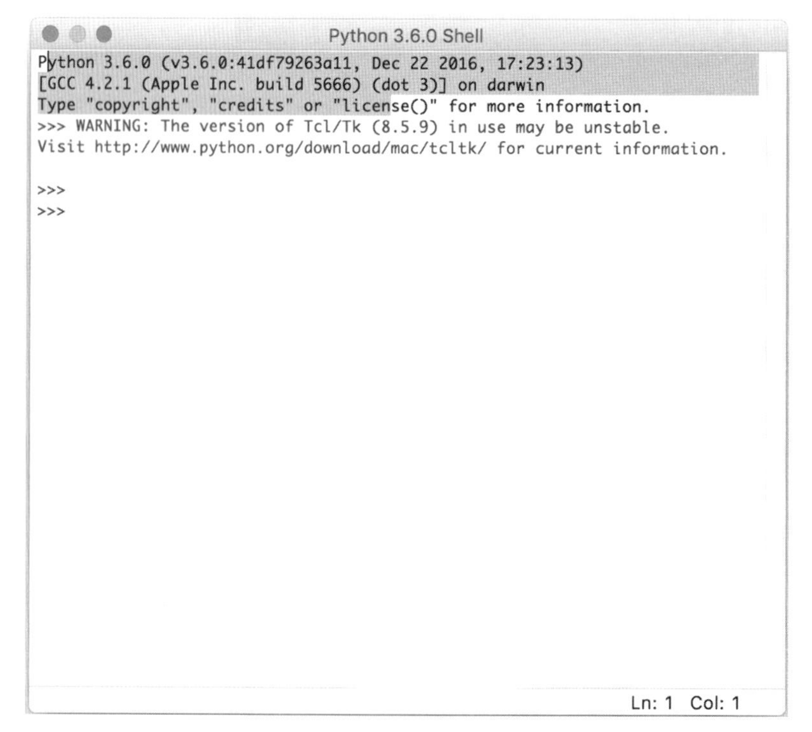

凡是在本書看到的程式中，若前面有>>>符號，則是在上述 IDLE 的模式下執行的。

這個模式下的程式無法儲存，當重新再開啟 IDLE 時，原先的程式就不見了，此時，若想保存程式內容，你也可以在 File 選單下選取 New File 的選項，如下圖所示：

此時就可以撰寫程式了，當撰寫完之後，會出現以下的畫面讓你撰寫程式。

程式撰寫完之後，選取 Run -> Run Module 的選項執行之。在執行之前系統會請你將此檔案儲存起來。

本書中，若程式左邊有行號，則是在此檔案的模式下進行的，就讓我們從輸出來加以解說。

1-1 輸出函式

Python 的輸出函式為 print 函式，將結果顯示於螢幕上。請看以下範例：

▶▶ 範例程式：

```
1   a = 123
2   b = 123.456
3   c = 'Python'
4
5   print(a)
6   print(b)
7   print(c)
8
9   print('a =', a)
10  print('b =', b)
11  print('c =', c)
```

▶▶ 輸出結果：

```
123
123.456
Python
a = 123
b = 123.456
c = Python
```

程式中的 = 符號是指定運算子（assignment operator），表示將右邊的數值或經過運算後數值，指定給左邊的變數，如：

a = 123

表示將 123 指定給 a 變數。此稱為運算式（cxpression），在 Python 也稱為敘述（statement）。其它指定運算式相同。

從輸出結果中得知，這二種的輸出差異在於，後者在輸出答案時有加上一些訊息，使得結果更易閱讀。簡易地的說，以單引號或雙引號括住的字串皆會照印出來。

還有一點要說明的是，print 函式的輸出都會跳行。若要不跳行，則可以加上 end 的參數，如下所示：

範例程式：

```
1  a = 123
2  b = 123.456
3  c = 'Python'
4
5  print(a, end = '  ')
6  print(b, end = '  ')
7  print(c)
```

輸出結果：

```
123 123.456 Python
```

當我們加上 end = ' ' 後，前兩個 print 的輸出結果皆不會跳行，輸出在同一行上。注意，end 後面單引號內有空一格，也可以空多格。當然，也可以是其它字元如 *。如下範例所示：

範例程式：

```
1  a = 123
2  b = 123.456
3  c = 'Python'
4
5  print(a, end = '*')
6  print(b, end = '*')
7  print(c)
```

▶ 輸出結果：

```
123*123.456*Python
```

1-1-1 format 格式化輸出

除此之外，為了輸出的美觀，Python 提供了格式化的輸出。計有 format 和 % 兩種格式。如下範例所示：

▶ 範例程式：

```
1   a = 123
2   b = 123.456
3   c = 'Python'
4
5   print(format(a, '5d'))
6   print(format(b, '10.2f'))
7   print(format(c, '10s'))
8   print()
9
10  print(format(a, '<5d'))
11  print(format(b, '<10.2f'))
12  print(format(c, '>10s'))
```

▶ 輸出結果：

```
  123
    123.46
Python

123
123.46
    Python
```

程式中的 print() 主要的用意在於跳一空白行。其中 5d 的 5 表示有 5 個欄位寬，d 表示是一整數。10.2f 中的 f 表示對應的是浮點數，10.2 表示後面有 2 位小數點，

有 10 個欄位寬，這 10 個欄位寬包含小數點。10s 的 s 表示印出的是字串，而且其欄位寬為 10。

從輸出結果得知，Format 格式化輸出，字串的預設輸出是向左靠齊，而整數和浮點數是向右靠齊。還好，我們可以利用 > 和 < 的符號做為向右和向左靠齊的機制。如輸出結果所示。若要置中，則可使用 ^ 符號，請讀者自行測試之。

1-1-2 % 的格式化輸出

除了 format 的格式化輸出外，Pyhton 還提供了一個更方便的格式化輸出的利器，那就是 %，其語法如下：

print('%格式化字符'%(variable_list))

以 % 為開頭，後接格式化字符，它可為 d、f、s，這是第一個參數，並以單引號或雙引號括住，接下來是 % 再加上以小括號，括住每一個格式化字符所對應的變數。如下範例所示：

▶▶ 範例程式：

```
1   a = 123
2   b = 123.456
3   c = 'Python'
4
5   print('%5d'%(a))
6   print('%10.2f'%(b))
7   print('%10s'%(c))
8   print()
9
10  print('%-5d'%(a))
11  print('%-10.2f'%(b))
12  print('%-10s'%(c))
```

▶▶ 輸出結果：

```
  123
    123.46
    Python
```

```
123
123.46
Python
```

從輸出結果得知，程式中的

print('%5d'%(a))

表示 a 以 5d 的格式印出，注意，% 的符號不可省略喔！其餘的依此類推。在 % 的格式化中，不管整數、浮點數或是字串的輸出，皆是向右靠齊，若要向左靠齊則必需加上負的符號 '-' 才可。所以

print('%-5d'%(a))

則是將結果靠左對齊。如輸出結果所示。

為了能讓讀者看出欄位寬的作用，在下一範例程式中加入兩條直線做為輸出結果的界線，以方便檢視，如下範例程式所示：

▶▶ 範例程式：

```
1  a = 123
2  b = 123.456
3  c = 'Python'
4
5  print('|%5d|'%(a))
6  print('|%10.2f|'%(b))
7  print('|%10s|'%(c))
8
9  print('|%-5d|'%(a))
10 print('|%-10.2f|'%(b))
11 print('|%-10s|'%(c))
```

▶▶ 輸出結果：

```
|  123|
|    123.46|
|    Python|
|123  |
|123.46    |
|Python    |
```

這輸出結果更能看出欄位寬和向左靠齊的作用。

上述的整數之輸出結果皆以十進位的方式輸出。在 format 格式化中也可以使用 x、o、b 分別以十六進位、八進位和二進位的方式輸出結果。如下所示：

範例程式：

```
1  a = 123
2
3  print(format(a, '5x'))
4  print(format(a, '5o'))
5  print(format(a, '5b'))
```

輸出結果：

```
   7b
  173
1111011
```

但在 % 格式化輸出中，就沒有二進位的機制加以輸出結果。$(123)_{10} = (173)_8 = (1111011)_2$。如下所示：

範例程式：

```
1  a = 123
2
3  print('%5x'%(a))
4  print('%5o'%(a))
```

輸出結果：

```
   7b
  173
```

行文至此，格式化的輸出的優點是啥呢？可以將輸出結果加以美化，以及更易參閱。我們以範例來說明：

▶ 範例程式：

```
1  x = 123
2  y = 123456
3  z = 12
4  p = 12
5  q = 123
6  r = 123456
7
8  print(x, y, z)
9  print(p, q, r)
```

▶ 輸出結果：

```
123 123456 12
12 123 123456
```

你覺得上述程式的輸出結果好看嗎？答案一定是不好看，因為每一數值的長度皆不相同，所以輸出結果會參差不齊。此時的格式化輸出就派上用場了，以下範例程式分別利用 format 和 % 加以實作的。

▶ 範例程式：

```
1  x = 123
2  y = 123456
3  z = 12
4  p = 12
5  q = 123
6  r = 123456
7
8  #using format
9  print(format(x, '8d'), format(y,'8d'), format(z, '8d'))
10 print(format(p, '8d'), format(q,'8d'), format(r, '8d'))
11 print()
12
13 #using %
14 print('%8d %8d %8d'%(x, y, z))
15 print('%8d %8d %8d'%(p, q, r))
```

▶▶ 輸出結果：

```
     123   123456        12
      12      123    123456
     123   123456        12
      12      123    123456
```

Yes，好看多了，每一數值皆分配八個欄位寬做為輸出空間。因此很容易閱讀每一數值。

你可能會在 print 函式中用及所謂的轉義字元（escape sequence），如表 1-1 所示：

表 1-1　轉義字元

轉義字元	功能說明
\n	跳行
\t	跳八格
\\	\
\"	"
\'	'

請看以下範例說明，直接在 IDLE 的模式下操作：

```
>>> print('Python\"Kotlin')
Python"Kotlin
>>> print('Python\'Kotlin')
Python'Kotlin
>>> print('Python\\Kotlin')
Python\Kotlin
>>> print('Python\tKotlin')
Python  Kotlin
>>> print('Python\nKotlin')
Python
Kotlin
```

1-2 輸入函式

Python 利用 input 函式從鍵盤輸入資料。要注意的是，其所輸入的資料是字串型態，我們在 Python 直譯器下的 IDLE 直接操作之：

```
>>> s = input()
Python
>>> print(s)
Python
>>>>> a = input('Enter a number: ')
Enter a number: 100
>>> print(a)
100
```

由於以 input 函式輸入的資料是字串型態，因此以下的敘述會產生錯誤的訊息。

```
>>> a = a + 100
Traceback (most recent call last):
  File "<pyshell#2>", line 1, in <module>
    a = a + 100
TypeError: must be str, not int
```

上述錯誤的原因是因為輸入的資料皆是字串，所以無法和數值相加，因此必須使用 eval 函式將字串加以轉換為整數。如下所示：

```
>>> a = eval(input('Enter a number: '))
Enter a number: 100
>>> a = a + 100
>>> print(a)
200
```

或是加上 int 轉型的方式處理。如下所示：

```
>>> a = int(input("Enter a number: "))
Enter a number: 100
>>> a = a + 10
>>> print(a)
110
>>>
```

若要一次輸入兩個資料時，則在輸入資料時，要加以逗號加以隔開。

```
>>> a, b = eval(input('Enter two numbers: '))
Enter two numbers: 66, 88
>>> print('a = %d, b = %d'%(a, b))
a = 66, b = 88
```

1-3 算術運算子

程式在處理的過程中會用到運算子（operator）。何謂運算子，其實它就是一個符號，具有特殊的意義，如上述的 =，就是所謂的指定運算子（assignment operator），此運算子的功能就是將右邊的值指定給左邊的變數。注意，由於是指定，所以左邊一定要是變數，因為變數才可以接收與改變其資料。

除了上述的指定運算子外，一般的運算會常用到算術運算子，如表 1-2 所示：

表 1-2　算術運算子

運算子	功能說明
+	加
-	減
*	乘
/	除（結果是浮點數）
//	除（結果是整數）
%	兩數相除，取其餘數
**	次方

數值計算的法則是先乘、除，後加、減。但小括號會改變其運算優先順序。

表 1-2 要注意的是：/ 運算子表示兩數相除，其結果是浮點數，亦即有小數點；而 // 運算子，表示兩數相除取其整數；% 表示兩數相除取其餘數，而 ** 表示乘以某一數的幾次方。我們以範例來加以說明：

```
>>> a = 100
>>> b = a / 3
>>> print(b)
33.333333333333336

>>> c = a // 3
>>> print(c)
33

>>> f = a % 3
>>> print(f)
1

>>> d = a ** 2
>>> print(d)
10000
>>> e = a ** 0.5
>>> print(e)
10.0
```

1-4 算術指定運算子

算術指定運算子顧名思義就是算術運算子與指定運算子的結合。它只是縮短敘述的表示方式，如

a = a + 100

與

a += 100

最後的結果是一樣的效果。

其它算術指定運算子，如表 1-3 所示：

表 1-3　子字串的運作方法

算術指定運算子	範例	相當於	結果
+=	a += 2	a = a + 2	102
-=	a -= 2	a = a - 2	98
*=	a *= 2	a = a * 2	200
/=	a /= 2	a = a / 3	33.333333333333336
//=	a //= 2	a = a // 3	33
%=	a %= 2	a = a % 3	1
**=	a **= 2	a = a ** 2	10000

有了上述的運算子後，基本上一些計算的問題應該都可刃而解。例如，已知圓的半徑 r 後，要計算圓的面積 area 和周長 perimeter 就可以如下表示：

area = 3.14159 * r ** 2

perimeter = 2 * 3.14159 * r

1-5 math 數學模組下的函式

上述的 3.14159 就是 π，若要更準確的話，可以使用 Python 提供的 math 數學模組中的 pi，因為它更準確。還有 e 也可以使用。值得注意的是，要使用 math 數學模組下的函式需要先撰寫 import math，將 math 模組載入進來，如下所示：

```
>>> import math
>>> math.pi
3.141592653589793
>>> math.e
2.718281828459045
>>>
```

因此上述的圓面積和周長

```
area = 3.14159 * r ** 2
perimeter = 2 * 3.14159 * r
```

可改為如下敘述

```
import math
area = math.pi * r ** 2
perimeter = 2 * math.pi * r
```

如此求出的面積和周長將會更準確。除了上述的 π 和 e 以外，還有一些常用的函式，如表 1-4 所示：

表 1-4　math 數學模組常用的函式

函式	功能	範例
ceil(x)	大於 x 的最小整數	math.ceil(3.2) = 4
floor(x)	小於 x 的最大整數	math.floor(3.2) = 3
fabs(x)	浮點數 x 的絕對值	math.fabs(-123.45) = 123.45
exp(x)	e^x	math.exp(2) = 7.38905609893065
log(x)	$log_e(x)$	math.log(10) = 2.302585092994046
log(x, base)	$log_{base}(x)$	math.log(100, 10) = 2.0
sqrt(x)	$x^{0.5}$	math.sqrt(100) = 10.0

除此之外，Python 還提供了有關數學的三角函式，以利於計算相關的問題，如計算正五邊形或正 N 邊形的面積。等我們看完表 1-5 之後再來實作之。

表 1-5　math 數學模組三角函式

函式	功能
sin(x)	度數為 x 的 sin 函式值
cos(x)	度數為 x 的 cos 函式值
tan(x)	度數為 x 的 tan 函式值
asin(x)	度數為 x 的 asin 函式值
acos(x)	度數為 x 的 acos 函式值
atan(x)	度數為 x 的 atan 函式值

請看以下的範例：

```
>>> import math
>>> math.sin(0)
0.0
>>> math.sin(math.pi/2)
1.0
```

sin(0) 等於 0，sin(π/2) 等於 1。

```
>>> math.cos(math.pi/2)
6.123233995736766e-17
>>> math.cos(0)
1.0
```

cos(0) 等於 1，cos(π/2) 趨近於 0。

tan(x) = sin(x) / cos(x)，cot(x) = cos(x) / sin(x)，而 atan(x) = $\tan^{-1}(x)$。

有了上述的三角函式後，我們來計算五邊形的面積。其公式如下：

$area = (5 * s^2) / (4 * \tan(\pi/5))$

其中 s 是邊長。假設今要計算邊長為 6.5 的正五邊形面積，其敘述如下：

```
>>> import math
>>> s = 6.5
>>> area = (5 * s**2) / (4 * math.tan(math.pi/5))
>>> print(area)
72.69017017488385
```

若要求正 n 邊形的面積，只要將上一公式中的 5 以 n 取代之。如下所示：

正 n 邊形面積 $= (n * s^2)/(4 * \tan(\pi/n))$

1-6 Python 內建的函式

其實 Python 也有一些內建的函式，如表 1-6 所示：

表 1-6 Python 內建函式

函式	功能
abs(x)	計算 x 的絕對值
max(x_1, x_2, … , x_n)	計算(x_1, x_2, … , x_n)的最大值
min(x_1, x_2, … , x_n)	計算(x_1, x_2, … , x_n)的最小值
pow(x, y)	計算 x^y
round(x)	計算最接近 x 的整數。若與兩數接近的話，則回傳偶數的整數
round(x, n)	計算捨位到小數點後 n 位的浮點數

請看以下的範例：

```
>>> abs(-100)
100
>>> max(22, 33, 11, 88, 99, 66)
99
>>> min(22, 33, 11, 88, 99, 66)
11
>>> pow(2, 10)
1024
>>> round(5.6)
6
>>> round(5.2)
5
>>> round(4.6)
5
>>> round(4.5)
4
```

由於 4.5 與 4 和 5 兩數最接近，所以選取偶數 4。

```
>>> round(123.456, 2)
123.46
>>> round(123.456, 1)
123.5
```

綜合範例

 綜合範例 1：

整數格式化輸出

1. 題目說明：

   請開啓 **PYD01.py** 檔案，依下列題意進行作答，輸入整數及進行格式化輸出，使輸出值符合題意要求。請另存新檔為 **PYA01.py**，作答完成請儲存所有檔案至 C:\ANS.CSF 原資料夾內。

2. 設計說明：

   (1) 請撰寫一程式，輸入四個整數，然後將這四個整數以欄寬為 5、欄與欄間隔一個空白字元，再以每列印兩個的方式，先列印向右靠齊，再列印向左靠齊，左右皆以直線 |（Vertical bar）作為邊界。

3. 輸入輸出：

   (1) 輸入說明

   四個整數

   (2) 輸出說明

   格式化輸出

   (3) 範例輸入

```
85
4
299
478
```

   範例輸出

```
|···85·····4|
|··299···478|
|85····4····|
|299···478··|
```

4. 參考程式：

```
1   num1 = int(input())
2   num2 = int(input())
3   num3 = int(input())
4   num4 = int(input())
5
6   #向右靠齊
7   print("|%5d %5d|" % (num1, num2))
8   print("|%5d %5d|" % (num3, num4))
9
10  #向左靠齊
11  print("|%-5d %-5d|" % (num1, num2))
12  print("|%-5d %-5d|" % (num3, num4))
```

 綜合範例 2：

浮點數格式化輸出

1. 題目說明：

   請開啓 **PYD01.py** 檔案，依下列題意進行作答，輸入浮點數及進行格式化輸出，使輸出值符合題意要求。請另存新檔為 **PYA01.py**，作答完成請儲存所有檔案至 C:\ANS.CSF 原資料夾內。

2. 設計說明：

   (1) 請撰寫一程式，輸入四個分別含有小數 1 到 4 位的浮點數，然後將這四個浮點數以欄寬為 7、欄與欄間隔一個空白字元、每列印兩個的方式，先列印向右靠齊，再列印向左靠齊，左右皆以直線 |（Vertical bar）作為邊界。

   ＊ 提示：輸出浮點數到小數點後第二位。

3. 輸入輸出：

   (1) 輸入說明

   四個浮點數

   (2) 輸出說明

   格式化輸出

   (3) 範例輸入

```
23.12
395.3
100.4617
564.329
```

   範例輸出

```
|··23.12··395.30|
|·100.46··564.33|
|23.12···395.30·|
|100.46··564.33·|
```

4. 參考程式：

```
1   num1 = eval(input())
2   num2 = eval(input())
3   num3 = eval(input())
4   num4 = eval(input())
5
6   # 靠右對齊
7   print("|%7.2f %7.2f|" % (num1, num2))
8   print("|%7.2f %7.2f|" % (num3, num4))
9
10  # 靠左對齊
11  print("|%-7.2f %-7.2f|" % (num1, num2))
12  print("|%-7.2f %-7.2f|" % (num3, num4))
```

 綜合範例 3：

字串格式化輸出

1. 題目說明：

   請開啓 **PYD01.py** 檔案，依下列題意進行作答，輸入單字及進行格式化輸出，使輸出值符合題意要求。請另存新檔為 **PYA01.py**，作答完成請儲存所有檔案至 C:\ANS.CSF 原資料夾內。

2. 設計說明：

   (1) 請撰寫一程式，輸入四個單字，然後將這四個單字以欄寬為 10、欄與欄間隔一個空白字元、每列印兩個的方式，先列印向右靠齊，再列印向左靠齊，左右皆以直線 |（Vertical bar）作為邊界。

3. 輸入輸出：

   (1) 輸入說明

   四個單字

   (2) 輸出說明

   格式化輸出

   (3) 範例輸入

```
I
enjoy
learning
Python
```

   範例輸出

```
|·········I·····enjoy|
|··learning····Python|
|I·········enjoy·····|
|learning··Python····|
```

4. 參考程式：

```
1   word1 = input()
2   word2 = input()
3   word3 = input()
4   word4 = input()
5
6   # 靠右對齊
7   print("|%10s %10s|" % (word1, word2))
8   print("|%10s %10s|" % (word3, word4))
9
10  # 靠左對齊
11  print("|%-10s %-10s|" % (word1, word2))
12  print("|%-10s %-10s|" % (word3, word4))
```

 綜合範例 **4**：

圓形面積計算

1. 題目說明：

   請開啟 **PYD01.py** 檔案，依下列題意進行作答，計算圓形之面積和周長，使輸出值符合題意要求。請另存新檔為 **PYA01.py**，作答完成請儲存所有檔案至 C:\ANS.CSF 原資料夾內。

2. 設計說明：

   (1) 請撰寫一程式，輸入一圓的半徑，並加以計算此圓之面積和周長，最後請印出此圓的半徑（Radius）、周長（Perimeter）和面積（Area）。

   ＊ 提示 1：需 import math 模組，並使用 math.pi。

   ＊ 提示 2：輸出浮點數到小數點後第二位。

3. 輸入輸出：

   (1) 輸入說明

   ```
   半徑
   ```

   (2) 輸出說明

   ```
   半徑
   周長
   面積
   ```

   (3) 範例輸入

   ```
   10
   ```

   範例輸出

   ```
   Radius = 10.00
   Perimeter = 62.83
   Area = 314.16
   ```

(4) 範例輸入

```
2.5
```

範例輸出

```
Radius = 2.50
Perimeter = 15.71
Area = 19.63
```

4. 參考程式：

```
1  import math
2  
3  PI = math.pi
4  
5  radius = float(input())
6  
7  print("Radius = %.2f" % radius)
8  print("Perimeter = %.2f" % (2*radius*PI))
9  print("Area = %.2f" % (pow(radius, 2)*PI))
```

 綜合範例 **5**：

矩形面積計算

1. 題目說明：

   請開啓 **PYD01.py** 檔案，依下列題意進行作答，計算矩形之面積和周長，使輸出值符合題意要求。請另存新檔為 **PYA01.py**，作答完成請儲存所有檔案至 C:\ANS.CSF 原資料夾內。

2. 設計說明：

   (1) 請撰寫一程式，輸入兩個正數，代表一矩形之高和寬，計算並輸出此矩形之高（Height）、寬（Width）、周長（Perimeter）及面積（Area）。

   ＊ 提示：輸出浮點數到小數點後第二位。

3. 輸入輸出：

   (1) 輸入說明

   高、寬

   (2) 輸出說明

   高
   寬
   周長
   面積

   (3) 範例輸入

```
23.5
19
```

   範例輸出

```
Height·=·23.50
Width·=·19.00
Perimeter·=·85.00
Area·=·446.50
```

(4) 參考程式：

```
1  h = eval(input())
2  w = eval(input())
3  peri = (h+w)*2
4  area = h*w
5
6  print("Height = %.2f" % h)
7  print("Width = %.2f" % w)
8  print("Perimeter = %.2f" % peri)
9  print("Area = %.2f" % area)
```

 綜合範例 6：

公里英哩換算

1. 題目說明：

   請開啟 **PYD01.py** 檔案，依下列題意進行作答，計算選手賽跑每小時平均速度，使輸出值符合題意要求。請另存新檔為 **PYA01.py**，作答完成請儲存所有檔案至 C:\ANS.CSF 原資料夾內。

2. 設計說明：

   (1) 假設一賽跑選手在 x 分 y 秒的時間跑完 z 公里，請撰寫一程式，輸入 x、y、z 數值，最後顯示此選手每小時的平均英哩速度（1 英哩等於 1.6 公里）。

   ＊ 提示：輸出浮點數到小數點後第一位。

3. 輸入輸出：

   (1) 輸入說明

   x（min）、y（sec）、z（km）數值

   (2) 輸出說明

   速度

   (3) 範例輸入

```
10
25
3
```

   範例輸出

```
Speed = 10.8
```

4. 參考程式：

```
1  x = eval(input())
2  y = eval(input())
3  z = eval(input())
4
5  avg_speed = (z/1.6) / (60*x+y) * 60 * 60
6  print("Speed = %.1f" % avg_speed)
```

 綜合範例 7：

數值計算

1. 題目說明：

   請開啓 **PYD01.py** 檔案，依下列題意進行作答，計算五個數字之數值、總和及平均數，使輸出值符合題意要求。請另存新檔為 **PYA01.py**，作答完成請儲存所有檔案至 C:\ANS.CSF 原資料夾內。

2. 設計說明：

   (1) 請撰寫一程式，讓使用者輸入五個數字，計算並輸出這五個數字之數值、總和以及平均數。

   ＊ 提示：總和與平均數皆輸出到小數點後第一位。

3. 輸入輸出：

   (1) 輸入說明

   五個數字

   (2) 輸出說明

   輸出五個數字
   總和
   平均數

   (3) 範例輸入

```
20
40
60
80
100
```

   範例輸出

```
20·40·60·80·100
Sum·=·300.0
Average·=·60.0
```

(4) 範例輸入

```
88
12
56
132.55
3
```

範例輸出

```
88·12·56·132.55·3
Sum·=·291.6
Average·=·58.3
```

4. 參考程式：

```
1   num1 = eval(input())
2   num2 = eval(input())
3   num3 = eval(input())
4   num4 = eval(input())
5   num5 = eval(input())
6
7   total_sum = num1 + num2 + num3 + num4 + num5
8   avg = total_sum / 5
9
10  print(num1, num2, num3, num4, num5)
11  print("Sum = %.1f" % total_sum)
12  print("Average = %.1f" % avg)
```

 綜合範例 8：

座標距離計算

1. 題目說明：

   請開啓 **PYD01.py** 檔案，依下列題意進行作答，計算兩點座標及其距離，使輸出值符合題意要求。請另存新檔為 **PYA01.py**，作答完成請儲存所有檔案至 C:\ANS.CSF 原資料夾內。

2. 設計說明：

   (1) 請撰寫一程式，讓使用者輸入四個數字 x1、y1、x2、y2，分別代表兩個點的座標(x1, y1)、(x2, y2)。計算並輸出這兩點的座標與其歐式距離。

   ＊ 提示 1：歐式距離 $=\sqrt{((x1-x2)^2+(y1-y2)^2)}$。

   ＊ 提示 2：兩座標的歐式距離，輸出到小數點後第四位。

3. 輸入輸出：

   (1) 輸入說明

   ```
   四個數字 x1、y1、x2、y2
   ```

   (2) 輸出說明

   ```
   座標 1
   座標 2
   兩座標的歐式距離
   ```

   (3) 範例輸入

   ```
   2
   1
   5.5
   8
   ```

   範例輸出

   ```
   (·2·,·1·)
   (·5.5·,·8·)
   Distance·=·7.8262
   ```

4. 參考程式：

```
1   x1 = eval(input())
2   y1 = eval(input())
3   x2 = eval(input())
4   y2 = eval(input())
5
6   dist = ((x2-x1)**2 + (y2-y1)**2)**(0.5)
7
8   print("(",x1,",",y1,")")
9   print("(",x2,",",y2,")")
10  print("Distance = %.4f" % dist)
```

綜合範例 9：

正五邊形面積計算

1. 題目說明：

   請開啓 **PYD01.py** 檔案，依下列題意進行作答，計算正五邊形之面積，使輸出值符合題意要求。請另存新檔為 **PYA01.py**，作答完成請儲存所有檔案至 C:\ANS.CSF 原資料夾內。

2. 設計說明：

   (1) 請撰寫一程式，讓使用者輸入一個正數 s，代表正五邊形之邊長，計算並輸出此正五邊形之面積（Area）。

   * 提示 1：建議使用需 import math 模組的 math.pow 及 math.tan。
   * 提示 2：正五邊形面積的公式：Area = (5 * s^2) / (4 * tan(pi/5))。
   * 提示 3：輸出浮點數到小數點後第四位。

3. 輸入輸出：

   (1) 輸入說明

   正數 s

   (2) 輸出說明

   正五邊形面積

   (3) 範例輸入

   ```
   5
   ```

   範例輸出

   ```
   Area = 43.0119
   ```

4. 參考程式：

```
1  import math
2
3  s = eval(input())
4
5  area = (5*math.pow(s,2)) / (4*math.tan(math.pi/5))
6  print("Area = %.4f" % area)
```

綜合範例 10：

正 n 邊形面積計算

1. 題目說明：

   請開啓 **PYD01.py** 檔案，依下列題意進行作答，計算正 n 邊形面積，使輸出值符合題意要求。請另存新檔為 **PYA01.py**，作答完成請儲存所有檔案至 C:\ANS.CSF 原資料夾內。

2. 設計說明：

   (1) 請撰寫一程式，讓使用者輸入兩個正數 n、s，代表正 n 邊形之邊長為 s，計算並輸出此正 n 邊形之面積（Area）。

   * 提示 1：建議使用 import math 模組的 math.pow 及 math.tan。
   * 提示 2：正 n 邊形面積的公式如下：Area = (n * s^2) / (4 * tan(pi/n))。
   * 提示 3：輸出浮點數到小數點後第四位。

3. 輸入輸出：

   (1) 輸入說明

   正數 n、s

   (2) 輸出說明

   正 n 邊形面積

   (3) 範例輸入

```
8
6
```

   範例輸出

```
Area = 173.8234
```

4. 參考程式：

```
1   import math
2
3   n = eval(input())
4   s = eval(input())
5
6   area = (n*math.pow(s,2)) / (4*math.tan(math.pi/n))
7   print("Area = %.4f" % area)
```

 綜合範例 **11**：

請撰寫一程式，請使用者輸入攝氏溫度，然後輸出其對應的華氏溫度。

＊ 提示：華氏溫度 = (9 / 5) * 攝氏溫度 + 32。

1. 輸入輸出：

   (1) 範例輸入

```
100
```

   (2) 範例輸出

```
Celsius 100.00 ---> Fahrenheit 212.00
```

2. 參考程式：

```
1  cDegree = eval(input())
2  fDegree = (9 / 5) * cDegree + 32
3  print('Celsius %.2f ---> Fahrenheit %.2f'%(cDegree, fDegree))
```

 綜合範例 **12**：

請撰寫一程式，請使用者輸入三角形的三點座標，然後計算此三角形的面積。

* 提示：假設三角形三個點的座標為 (x1, y1), (x2, y2), (x3, y3)，則三邊的長分別為 side1 ，side2, 以及 side3。利用綜合範例 8 可得到這三邊的長。然後利用下列公式即可得到此三角形的面積。

  s = (side1 + side2 + side3) / 2

  area = $\sqrt{s * (s - side1) * (s - side2) * (s - side3)}$

1. 輸入輸出：

   (1) 範例輸入

```
1.5, -3.4
4.6, 5
9.5, -3.4
```

   (2) 範例輸出

```
The area of the triangle = 33.60
```

2. 參考程式：

```
1   import math
2   x1, y1 = eval(input())
3   x2, y2 = eval(input())
4   x3, y3 = eval(input())
5
6   side1 = math.sqrt((x2-x1)**2 + (y2-y1)**2)
7   side2 = math.sqrt((x3-x1)**2 + (y3-y1)**2)
8   side3 = math.sqrt((x3-x2)**2 + (y3-y2)**2)
9
10  s = (side1 + side2 + side3) / 2
11  area = math.sqrt((s*(s-side1)*(s-side2)*(s-side3)))
12  print('The area of the triangle = %.2f'%(area))
```

 綜合範例 **13**：

請撰寫一程式，請使用者輸入矩形的長和寬（皆為正整數），然後計算此矩形的面積和周長（輸出結果欄位寬為 4）。

1. 輸入輸出：

   (1) 範例輸入

   ```
   5, 10
   ```

   (2) 範例輸出

   ```
   area =   50
   perimeter =   30
   ```

2. 參考程式：

```
1  length, width = eval(input())
2  area = length * width
3  perimeter = 2 * (length + width)
4  print('area = %4d'%(area))
5  print('perimeter = %4d'%(perimeter))
```

綜合範例 14：

平均加速度是兩個速度之差，除以時間。請撰寫一程式，請使用者輸入起始的速度 v0、結束的速度 v1，以及時間 t，然後顯示其平均速度。

計算公式：$a = (v1 - v0)/t$

1. 輸入輸出：

   (1) 範例輸入

   ```
   5.8, 51.6, 4.6
   ```

   (2) 範例輸出

   ```
   average acceleration is 9.96
   ```

2. 參考程式：

```
1  v0, v1, t = eval(input())
2  a = (v1-v0) / t
3  print('average acceleration is %.2f'%(a))
```

 綜合範例 15：

假設你每個月在帳戶存款 10000，銀行的年利率為 1.23%，也就是說，月利率為 0.0123 / 12 = 0.001025。一個月後，帳戶的存款會是：

10000 * (1 + 0.001025) = 10010.25

兩個月過後，帳戶的存款會變成：

10010.25 * (1 + 0.001025) = 10020.51

三個月過後，帳戶的存款會變成：

10020.51 * (1 + 0.001025) = 10030.78

依此類推。

請撰寫一程式，提示使用者每個月存入帳戶的金額，並顯示六個月後帳戶裏的總金額（輸出到小數點後 2 位）。

1. 輸入輸出：

   (1) 範例輸入

   ```
   Enter monthly saving amount: 10000
   ```

   (2) 範例輸出

   ```
   After the sixth month, the account value is 10061.66
   ```

2. 參考程式：

```
1   monthlyDeposit = eval(input("Enter monthly saving amount: "))
2   currentValue = monthlyDeposit
3
4   # First month value
5   currentValue = currentValue * (1 + 0.0123 / 12)
6
7   # Second month value
8   currentValue = currentValue * (1 + 0.0123 / 12)
9
10  # Third month value
11  currentValue = currentValue * (1 + 0.0123 / 12)
12
13  # Fourth month value
14  currentValue = currentValue * (1 + 0.0123 / 12)
```

```
15
16    # Fifth month value
17    currentValue = currentValue * (1 + 0.0123 / 12)
18
19    # Sixth month value
20    currentValue = currentValue * (1 + 0.0123 / 12)
21
22    print("After the sixth month, the account value is %.2f",%(currentValue)
```

Chapter 1 習題

1. 請撰寫一程式，請使用者輸入華氏溫度，然後輸出其對應的攝氏溫度。

   * 提示：攝氏溫度 = (華氏溫度 - 32) * 5/9

   * 輸入與輸出樣本：

     輸入：
     ```
     212
     ```

     輸出：
     ```
     Fahrenheit 212.00 ---> Celsius 100.00
     ```

2. 請撰寫一程式，以下一公式計算五邊形的面積：
   $\text{area} = \frac{5s^2}{4\tan(\pi/5)}$，其中$s = 2r\sin(\pi/5)$，r 為五邊形的中心點到頂點的距離。請使用者輸入 r，然後計算五邊形的面積（輸出到小數點後 2 位）。

   * 輸入與輸出樣本：

     輸入：
     ```
     5.5
     ```

     輸出：
     ```
     Area is 71.92
     ```

3. 給定飛機的加速度 a，以及起飛的速度 v，在不考慮外力損耗下（如輪胎摩擦力、空氣阻力等）則要讓飛機起飛的最短跑道長度為 $\text{length} = v^2/2a$。

   試撰寫一程式，提示使用者輸入以公尺/秒為單位的速度 v，以及以公尺/秒平方為單位的加速度 a，然後輸出最短的跑道長度（輸出到小數點後 2 位）。

   * 輸入與輸出樣本：

     輸入：
     ```
     70, 4.3
     ```

     輸出：
     ```
     Minimum runway length is 569.77 meters
     ```

4. 請撰寫一程式，計算從起始溫度到最後溫度時熱水所需要的能量。在程式中提示使用者輸入熱水量（公斤）、起始溫度與最後溫度。計算能量的公式如下：

   Q = M * (finalT - initialT) * 4184

   其中 M 是熱水的公斤數，finalT 是最後溫度，initialT 是起始溫度，Q 是以焦耳(joules)來衡量的能量（輸出到小數點後 2 位）。

   * 輸入與輸出樣本：

     輸入：
     ```
     10, 12, 100
     ```
     輸出：
     ```
     Q = 3681920.00
     ```

   （表示輸入 10 公斤的熱水，溫度從 12 度到 100 度，所需的能量是 3681920.00 焦耳）

5. 請撰寫一程式，計算圓柱體的底面積和體積（輸出到小數點後 2 位）。在程式中提示使用者輸入圓柱的半徑和高。

   area = πr^2

   volume = area * height

   其中 area 是底面積，volume 是體積，r 是圓柱體的半徑，height 是圓柱體的高度。

   * 輸入與輸出樣本：

     輸入：
     ```
     6.5, 10
     ```
     輸出：
     ```
     area:132.73, volume:1327.32
     ```

筆記頁

Chapter 2

選擇敘述

選擇敘述

日常生活很多都是充滿選擇性的問題，如（1）若中樂透頭獎，則將捐出一些錢蓋資管大樓；（2）若我有把握期末考可以考 90 分，則選擇去打球，否則在家練習 Python 的程式題目；（3）若小明考全班第一名，將領獎金 1000 元；若是第二名，則領 500 元；若是第三名，則領 300 元。Python 提供的選擇敘述計有 if、if...else、以及 if...elif...else，分別對應了前面的（1）、（2）和（3）的敘述。

2-1 關係運算子

在選擇敘述中一定會用到關係運算子（relational operator）做為檢視條件運算子的真、假。Python 提供的關係運算子如下：

表 2-1 關係運算子

運算子	意義
<	小於
<=	小於等於
>	大於
>=	大於等於
==	等於
!=	不等於

有關係運算子的條件運算式最後運算的結果，只有兩種狀況，不是真就是假。以下將以範例配合程式與圖形來加以說明：

2-2 if 敘述

語法

if 敘述的語法如下：

```
if 條件運算式:
    主體敘述
```

其中條件運算式用以判斷條件的真、假。若為真，則執行其對應的主體敘述。若為假，不理會。注意，條件運算式的後面要加冒號（:），而且要執行的主體敘述要內縮，至於內縮幾格沒有硬性規定，一般是四格。

以下是由使用者輸入一值，指定給變數 a，然後判斷 a 是否大於 0，若是，則印出 a 大於 0 的訊息。若小於等於 0，則不加以理會。

執行流程圖如右：

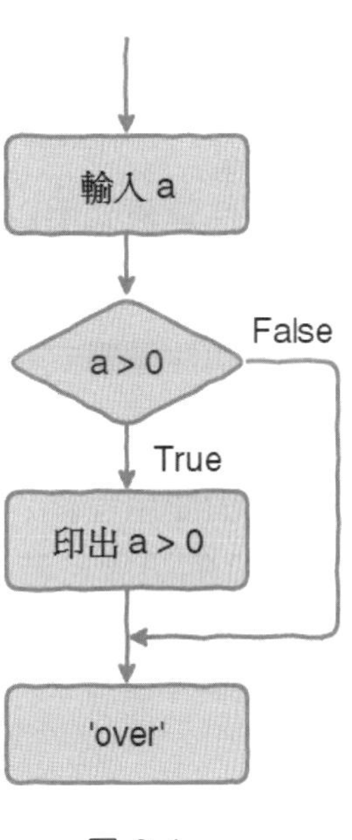

圖 2-1

▶▶ 範例程式：

```
1  a = eval(input('Enter a number: '))
2  if a > 0:
3      print(a, 'is great than 0')
4  print('Over')
```

▶▶ 輸出結果：

```
Enter a number: 100
100 is great than 0
Over
```

2-3 if...else 敘述

語法

if...else 敘述的語法如下：

```
if 條件運算式:
    主體敘述 1
else:
    主體敘述 2
```

其中條件運算式用以判斷條件的真、假。若為真，則執行其對應的主體敘述 1。若為假，則執行主體敘述 2。

注意，條件運算式和 else 的後面都要加冒號（:），而且要執行的主體敘述 1 和主體敘述 2 都要內縮。

以下是由使用者輸入一值，指定給變數 a，然後判斷 a 是否大於 0，若是，則印出 a 大於 0 的訊息。若小於等於 0，則印出 a 小於 0 的訊息。

執行流程圖如下：

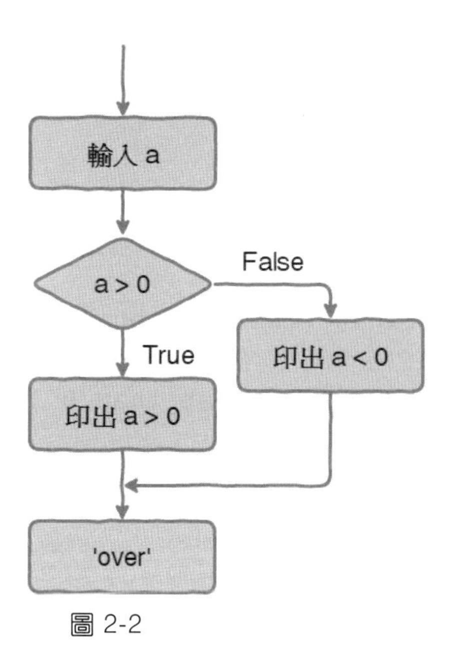

圖 2-2

範例程式：

```
1  a = eval(input('Enter a number: '))
2  if a > 0:
3      print(a, 'is greater than 0')
4  else:
5      print(a, 'is less than 0')
6  print('Over')
```

輸出結果：

（一）

```
Enter a number: 100
100 is great than 0
Over
```

（二）

```
Enter a number: -100
-100 is less than 0
Over
```

2-4 if...elif...else 敘述

語法

if...elif...else 敘述的語法如下：

```
if 條件運算式:
    主體敘述 1
elif 條件運算式:
    主體敘述 2
else:
    主體敘述 3
```

其中條件運算式用以判斷條件的真、假。若為真，則執行其對應的主體敘述 1。若為假，再繼續判斷 elif 內的條件運算式，若為真，則執行主體敘述 2，否則，執行主體敘述 3。

注意，if 條件運算式、elif 條件運算式和 else 的後面都要加冒號（:），而且要執行的主體敘述 1、主體敘述 2，以及主體敘述 3 都要內縮。

以下是由使用者輸入一值，指定給變數 a，然後判斷 a 是否大於 0，若是，則印出 a 大於 0 的訊息。若小於等於 0，則印出 a 小於 0 的訊息。若 a 等於 0，則印出 a 等於 0 的訊息。

執行流程圖如下：

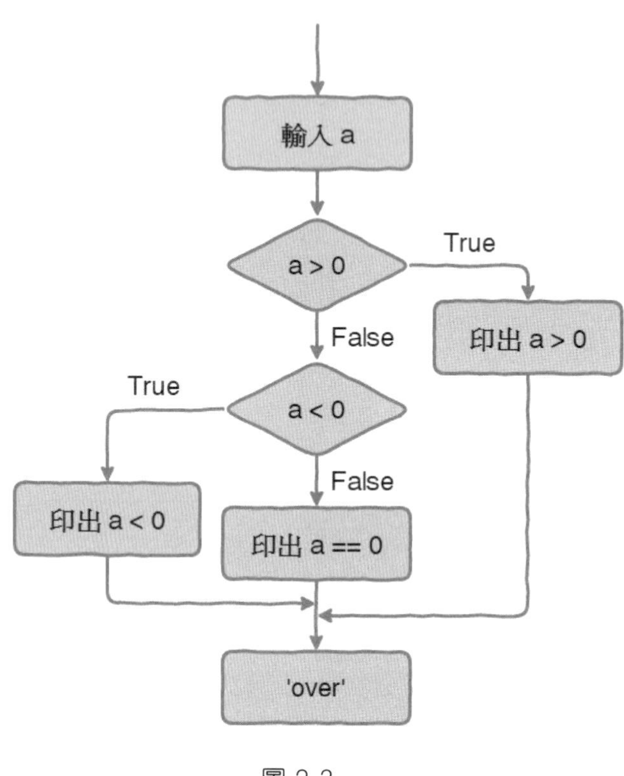

圖 2-3

範例程式：

```
1  if a > 0:
2      print(a, 'is greater than 0')
3  elif a < 0:
4      print(a, 'is less than 0')
5  else:
6      print(a, 'is equal to 0')
7  print('Over')
```

輸出結果：

（一）

```
Enter a number: 100
100 is greater than 0
Over
```

（二）

```
Enter a number: -100
-100 is less than 0
Over
```

（三）

```
Enter a number: 0
0 is equal to 0
Over
```

在一元二次方程式 $ax^2 + bx + c$ 中，求解公式如下：

若$b^2 - 4ac > 0$，則有兩個不同的解；若$b^2 - 4ac = 0$，則有唯一解；若 $b^2 - 4ac < 0$，則無解。

執行流程圖如下：

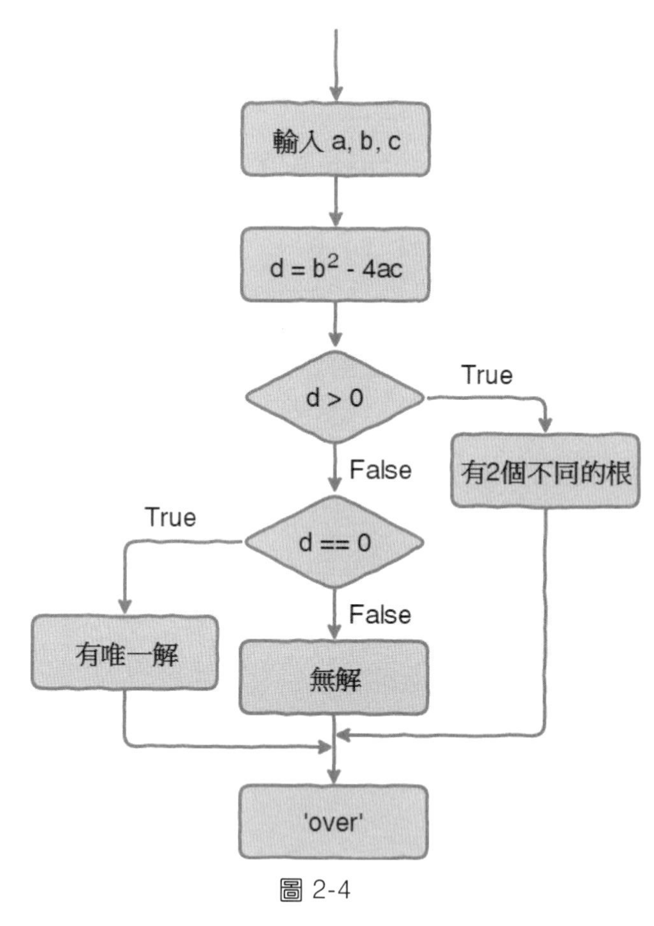

圖 2-4

▶▶ 範例程式：

```
1   a, b, c = eval(input('Enter a, b, c: '))
2   d = b*b - 4*a*c
3
4   if d > 0:
5       print('Has two different solutions')
6   elif d == 0:
7       print('Has one solution')
8   else:
9       print('No solution')
10  print('Over')
```

▶ 輸出結果：

（一）

```
Enter a, b, c: 1, 2, 1
Has one solution
Over
```

（二）

```
Enter a, b, c: 3, -2, 1
No solution
Over
```

（三）

```
Enter a, b, c: 1, 4, 1
Has two different solutions
Over
```

接下來我們來撰寫根據身高和體重來衡量健康狀況，此稱為 BMI（Body Mass Index）。BMI 的計算如下：

$$BMI = 體重 / 身高^2$$

其中體重以公斤為單位，而身高以公尺為單位。

BMI 的量測表如下：

表 2-2　BMI 量測表

BMI	說明
< 18.5	過輕
18.5 ~ 24.9	正常
25.0 ~ 29.9	過重
>= 30	肥胖

執行流程圖如下：

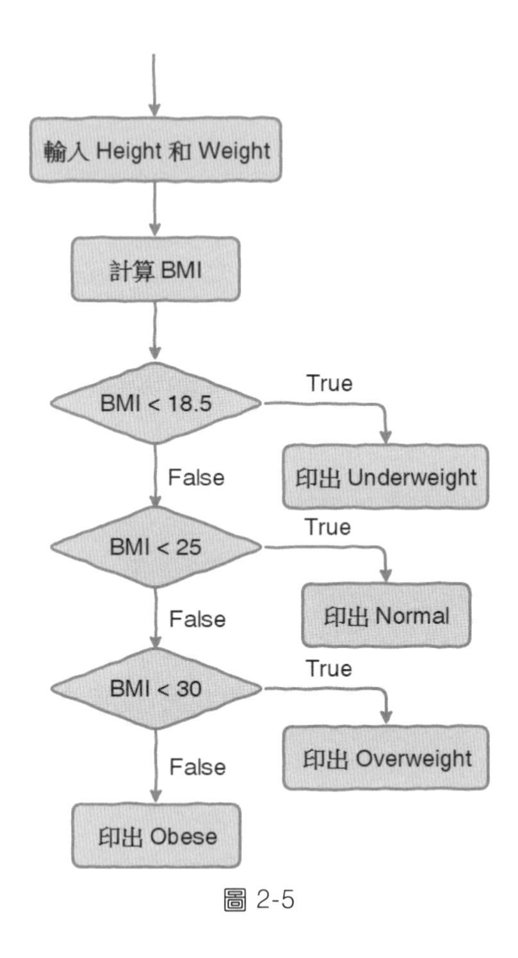

圖 2-5

▶▶ 範例程式：

```
1   height = eval(input('Enter height in centimeters: '))
2   weight = eval(input('Enter weight in kilograms: '))
3
4   bmi = weight / (height/100) ** 2
5   print('Your BMI is %6.2f'%(bmi))
6
7   if bmi < 18.5:
8       print('Underweight')
9   elif bmi < 25.0:
10      print('Normal')
11  elif bmi < 30:
12      print('Overweight')
13  else:
14      print('Obese')
```

▶ 輸出結果：

```
Enter height in centimeters: 185
Enter weight in kilograms: 68
Your BMI is  19.87
Normal
```

2-5 邏輯運算子

有時一個條件運算式不足以檢視問題的真假，則需要多個條件運算式時，則必需藉助邏輯運算子（logical operator）。如表 2-3 所示：

表 2-3　邏輯運算子

運算子	意義
and	且
or	或
not	反

例如，檢視使用者輸入的數值是否介於 85 與 95 之間。以 Python 程式撰寫如下，其中用到邏輯運算子：

▶ 範例程式：

```
1  num = eval(input('Enter a number: '))
2  if (85 <= num) and (num<= 95):
3      print('%d is in the between 85 and 95'%(num))
4  else:
5      print('%d is not in the between 85 and 95'%(num))
6
7  print('Over')
```

▶ 輸出結果：

(一)

```
Enter a number: 100
100 is not in the between 85 and 95
Over
```

(二)

```
Enter a number: 90
90 is in the between 85 and 95
Over
```

其實上一程式也可以這樣寫，如下所示：

▶ 範例程式：

```
1  num = eval(input('Enter a number: '))
2  if (85 <= num<= 95):
3      print('%d is in the between 85 and 95'%(num))
4  else:
5      print('%d is not in the between 85 and 95'%(num))
6
7  print('Over')
```

▶ 輸出結果：

(一)

```
Enter a number: 100
100 is not in the between 85 and 95
Over
```

(二)

```
Enter a number: 90
90 is in the between 85 and 95
Over
```

其中條件運算式

if (85 <= num<= 95):

相當於

if (85 <= num) and (num<= 95):

你喜歡哪一種呢？

綜合範例

綜合範例 1：

偶數判斷

1. 題目說明：

   請開啓 **PYD02.py** 檔案，依下列題意進行作答，判斷輸入值是否為偶數，使輸出值符合題意要求。請另存新檔為 **PYA02.py**，作答完成請儲存所有檔案至 C:\ANS.CSF 原資料夾內。

2. 設計說明：

   (1) 請使用選擇敘述撰寫一程式，讓使用者輸入一個正整數，然後判斷它是否為偶數（even）。

3. 輸入輸出：

   (1) 輸入說明

   一個正整數

   (2) 輸出說明

   判斷是否為偶數

   (3) 範例輸入

```
56
```

   範例輸出

```
56 is an even number.
```

   (4) 範例輸入

```
21
```

   範例輸出

```
21 is not an even number.
```

4. 參考程式：

```
1   a = int(input())
2   
3   if a%2 == 0:
4       print("%d is an even number." % a)
5   else:
6       print("%d is not an even number." % a)
```

 綜合範例 **2**：

倍數判斷

1. 題目說明：

   請開啟 **PYD02.py** 檔案，依下列題意進行作答，判斷輸入值是否為 3 或 5 的倍數，使輸出值符合題意要求。請另存新檔為 **PYA02.py**，作答完成請儲存所有檔案至 C:\ANS.CSF 原資料夾內。

2. 設計說明：

   (1) 請使用選擇敘述撰寫一程式，讓使用者輸入一個正整數，然後判斷它是 3 或 5 的倍數，顯示【x is a multiple of 3.】或【x is a multiple of 5.】；若此數值同時為 3 與 5 的倍數，顯示【x is a multiple of 3 and 5.】；如此數值皆不屬於 3 或 5 的倍數，顯示【x is not a multiple of 3 or 5.】，將使用者輸入的數值代入 x。

3. 輸入輸出：

   (1) 輸入說明

   一個正整數

   (2) 輸出說明

   判斷是否為 3 或 5 的倍數

   (3) 範例輸入

   ```
   55
   ```

   範例輸出

   ```
   55·is·a·multiple·of·5.
   ```

   (4) 範例輸入

   ```
   36
   ```

   範例輸出

   ```
   36·is·a·multiple·of·3.
   ```

(5) 範例輸入

```
92
```

範例輸出

```
92·is·not·a·multiple·of·3·or·5.
```

(6) 範例輸入

```
15
```

範例輸出

```
15·is·a·multiple·of·3·and·5.
```

4. 參考程式：

```
1   a = int(input())
2
3   if (a%3 == 0) and (a%5 == 0):
4       print("%d is a multiple of 3 and 5." % a)
5   elif a%3 == 0:
6       print("%d is a multiple of 3." % a)
7   elif a%5 == 0:
8       print("%d is a multiple of 5." % a)
9   else:
10      print("%d is not a multiple of 3 or 5." % a)
```

綜合範例 3：

閏年判斷

1. 題目說明：

   請開啓 **PYD02.py** 檔案，依下列題意進行作答，判斷輸入值是否為閏年，使輸出值符合題意要求。請另存新檔為 **PYA02.py**，作答完成請儲存所有檔案至 C:\ANS.CSF 原資料夾內。

2. 設計說明：

   (1) 請使用選擇敘述撰寫一程式，讓使用者輸入一個西元年份，然後判斷它是否為閏年（leap year）或平年。其判斷規則為：每四年一閏，每百年不閏，但每四百年也一閏。

3. 輸入輸出：

   (1) 輸入說明

   一個正整數

   (2) 輸出說明

   判斷是否為閏年或平年

   (3) 範例輸入

```
1992
```

   範例輸出

```
1992·is·a·leap·year.
```

   (4) 範例輸入

```
2010
```

   範例輸出

```
2010·is·not·a·leap·year.
```

4. 參考程式：

```
1   year = int(input())
2   
3   if year%400==0 or (year%4==0 and year%100!=0):
4       print(year, "is a leap year.")
5   else:
6       print(year, "is not a leap year.")
```

 綜合範例 4：

算術運算

1. 題目說明：

   請開啓 **PYD02.py** 檔案，依下列題意進行作答，依輸入值進行算術運算，使輸出值符合題意要求。請另存新檔為 **PYA02.py**，作答完成請儲存所有檔案至 C:\ANS.CSF 原資料夾內。

2. 設計說明：

   (1) 請使用選擇敘述撰寫一程式，讓使用者輸入兩個整數 a、b，然後再輸入一算術運算子（+、-、*、/、//、%），輸出這兩個數以及其經過運算後的結果。

3. 輸入輸出：

   (1) 輸入說明

   兩個整數 a、b，及一個算術運算子（+、-、*、/、//、%）

   (2) 輸出說明

   運算結果（無須做格式化）

   (3) 範例輸入

```
30
20
*
```

   範例輸出

```
600
```

4. 參考程式：

```
1   a = eval(input())
2   b = eval(input())
3   opr = input()
4   ans = 0
5
6   if opr == '+':   ans = a + b
7   elif opr == '-': ans = a - b
8   elif opr == '*': ans = a * b
9   elif opr == '/': ans = a / b
10  elif opr == '//':ans = a // b
11  elif opr == '%': ans = a % b
12
13  print(ans)
```

綜合範例 5：

字元判斷

1. 題目說明：

   請開啟 **PYD02.py** 檔案，依下列題意進行作答，判斷輸入值的字元，使輸出值符合題意要求。請另存新檔為 **PYA02.py**，作答完成請儲存所有檔案至 C:\ANS.CSF 原資料夾內。

2. 設計說明：

   (1) 請使用選擇敘述撰寫一程式，讓使用者輸入一個字元，判斷它是包括大、小寫的英文字母（alphabet）、數字（number）、或者其它字元（symbol）。例如：a 為英文字母、9 為數字、$為其它字元。

3. 輸入輸出：

   (1) 輸入說明

   一個字元

   (2) 輸出說明

   判斷是英文字母（包括大、小寫）、數字、或者其它字元

   (3) 範例輸入

```
P
```

   範例輸出

```
P·is·an·alphabet.
```

   (4) 範例輸入

```
@
```

   範例輸出

```
@·is·a·symbol.
```

(5) 範例輸入

```
7
```

範例輸出

```
7·is·a·number.
```

4. 參考程式：

```
1   c = input()
2
3   if ('a' <= c <= 'z') or ('A' <= c <= 'Z'):
4       print (c, "is an alphabet.")
5   elif ('0' <= c <= '9'):
6       print (c, "is a number.")
7   else :
8       print (c, "is a symbol.")
```

綜合範例 **6**：

等級判斷

1. 題目說明：

   請開啟 **PYD02.py** 檔案，依下列題意進行作答，判斷輸入值所對應的等級，使輸出值符合題意要求。請另存新檔為 **PYA02.py**，作答完成請儲存所有檔案至 C:\ANS.CSF 原資料夾內。

2. 設計說明：

   (1) 請使用選擇敘述撰寫一程式，根據使用者輸入的分數顯示對應的等級。

   (2) 標準如下表所示：

分數	等級
80 ~ 100	A
70 ~ 79	B
60 ~ 69	C
<= 59	F

3. 輸入輸出：

   (1) 輸入說明

   一個整數

   (2) 輸出說明

   判斷輸入值所對應的等級

   (3) 範例輸入

```
79
```

   範例輸出

```
B
```

4. 參考程式：

```
1   score = eval(input())
2
3   if 80 <= score <= 100:
4       grade = 'A'
5   elif 70 <= score <= 79:
6       grade = 'B'
7   elif 60 <= score <=69:
8       grade = 'C'
9   elif score <= 59:
10      grade = 'F'
11
12  print(grade)
```

綜合範例 7：

折扣方案

1. 題目說明：

   請開啟 **PYD02.py** 檔案，依下列題意進行作答，判斷輸入值之折扣並計算實付金額，使輸出值符合題意要求。請另存新檔為 **PYA02.py**，作答完成請儲存所有檔案至 C:\ANS.CSF 原資料夾內。

2. 設計說明：

   (1) 請使用選擇敘述撰寫一程式，要求使用者輸入購物金額，購物金額需大於 8,000（含）以上，並顯示折扣優惠後的實付金額。

   (2) 購物金額折扣方案如下表所示：

金額	折扣
8,000（含）以上	9.5 折
18,000（含）以上	9 折
28,000（含）以上	8 折
38,000（含）以上	7 折

3. 輸入輸出：

   (1) 輸入說明

   一個數值，需大於 8,000（含）以上

   (2) 輸出說明

   顯示折扣優惠後的實付金額（輸出不需指定小數點位數）

   (3) 範例輸入

```
12000
```

   範例輸出

```
11400.0
```

4. 參考程式：

```
1   cost = eval(input())
2
3   if cost >= 38000:
4       pay = cost * 0.7
5   elif cost >= 28000:
6       pay = cost *  0.8
7   elif cost >= 18000:
8       pay = cost * 0.9
9   elif cost >= 8000:
10      pay = cost * 0.95
11
12  print(pay)
```

綜合範例 8：

十進位換算

1. 題目說明：

   請開啓 **PYD02.py** 檔案，依下列題意進行作答，依輸入值進行進位轉換，使輸出值符合題意要求。請另存新檔為 **PYA02.py**，作答完成請儲存所有檔案至 C:\ANS.CSF 原資料夾內。

2. 設計說明：

   (1) 請使用選擇敘述撰寫一程式，讓使用者輸入一個十進位整數 num(0 ≤ num ≤ 15)，將 num 轉換成十六進位值。

   * 提示：轉換規則 = 十進位 0~9 的十六進位值為其本身，十進位 10~15 的十六進位值為 A~F。

3. 輸入輸出：

   (1) 輸入說明

   一個數值

   (2) 輸出說明

   將此數值轉換成十六進位值

   (3) 範例輸入

   ```
   13
   ```

   範例輸出

   ```
   D
   ```

   (4) 範例輸入

   ```
   8
   ```

   範例輸出

   ```
   8
   ```

4. 參考程式：

```
1   num = eval(input())
2   
3   if 0 <= num <= 9:  hex_num = num
4   elif num == 10:    hex_num = 'A'
5   elif num == 11:    hex_num = 'B'
6   elif num == 12:    hex_num = 'C'
7   elif num == 13:    hex_num = 'D'
8   elif num == 14:    hex_num = 'E'
9   elif num == 15:    hex_num = 'F'
10  
11  print(hex_num)
```

綜合範例 9：

距離判斷

1. 題目說明：

   請開啟 **PYD02.py** 檔案，依下列題意進行作答，計算輸入值之座標，使輸出值符合題意要求。請另存新檔為 **PYA02.py**，作答完成請儲存所有檔案至 C:\ANS.CSF 原資料夾內。

2. 設計說明：

   (1) 請使用選擇敘述撰寫一程式，讓使用者輸入一個點的平面座標 x 和 y 值，判斷此點是否與點(5, 6)的距離小於或等於 15，如距離小於或等於 15 顯示【Inside】，反之顯示【Outside】。

   ＊ 提示：計算平面上兩點距離的公式：$\sqrt{(x_1-x_2)^2+(y_1-y_2)^2}$ 。

3. 輸入輸出：

   (1) 輸入說明

   兩個數值 x、y

   (2) 輸出說明

   小於或等於 15 輸出 Inside；大於 15 輸出 Outside

   (3) 範例輸入

```
7
20
```

   範例輸出

```
Inside
```

   (4) 範例輸入

```
30
35
```

   範例輸出

```
Outside
```

4. 參考程式：

```
1  x = eval(input())
2  y = eval(input())
3  dist = ((x-5)**2 + (y-6)**2) ** 0.5
4  
5  if dist <= 15:
6      print("Inside")
7  else:
8      print("Outside")
```

綜合範例 10：

三角形判斷

1. 題目說明：

   請開啟 **PYD02.py** 檔案，依下列題意進行作答，檢查輸入值是否可組成三角形，使輸出值符合題意要求。請另存新檔為 **PYA02.py**，作答完成請儲存所有檔案至 C:\ANS.CSF 原資料夾內。

2. 設計說明：

   (1) 請使用選擇敘述撰寫一程式，讓使用者輸入三個邊長，檢查這三個邊長是否可以組成一個三角形。若可以，則輸出該三角形之周長；否則顯示【Invalid】。

   ＊ 提示：檢查方法 = 任意兩個邊長之總和大於第三邊長。

3. 輸入輸出：

   (1) 輸入說明

   三個正整數

   (2) 輸出說明

   可以組成三角形則輸出周長；否則顯示 Invalid

   (3) 範例輸入

   ```
   5
   6
   13
   ```

   範例輸出

   ```
   Invalid
   ```

   (4) 範例輸入

   ```
   1
   1
   1
   ```

   範例輸出

   ```
   3
   ```

4. 參考程式：

```
1   side1 = eval(input())
2   side2 = eval(input())
3   side3 = eval(input())
4   
5   if side1+side2 > side3 \
6      and side2+side3 > side1 \
7      and side1+side3 > side2:
8       print(side1+side2+side3)
9   else:
10      print("Invalid")
```

 綜合範例 **11**：

請使用選擇敘述撰寫一程式，由使用者輸入整數的點座標(x, y)，然後檢視該點是否位於中心點為(0, 0)，長為 8，高為 6 的矩形內。

＊ 提示：如果此點與矩形中心點之水平距離小於或等於 8 / 2，而且垂直距離小於或等於 6 / 2，則此點位於矩形內，否則位於矩形外。

1. 輸入輸出 1：

   (1) 範例輸入

   ```
   4, 4
   ```

   (2) 範例輸出

   ```
   (4, 4) is outside of the rectangle
   ```

2. 輸入輸出 2：

   (1) 範例輸入

   ```
   4, 3
   ```

   (2) 範例輸出

   ```
   (4, 3) is inside of the rectangle
   ```

3. 參考程式：

```
1   x1, y1 = eval(input())
2   if abs(x1) <= 8/2 and abs(y1) <= 6/2:
3       print('(%d, %d) is inside of the rectangle'%(x1, y1))
4   else:
5       print('(%d, %d) is outside of the rectangle'%(x1, y1))
```

綜合範例 12：

請使用選擇敘述撰寫一程式，利用亂數產生器產生介於 1~100 之間的亂數，然後檢視這個亂數是偶數或是奇數。

＊ 提示：如果此亂數除以 2，餘數為 0 時，則為偶數，否則為奇數。

1. 輸入輸出 1：

   (1) 範例輸入

   ```
   無
   ```

   (2) 範例輸出

   ```
   6 is even number.
   ```

2. 輸入輸出 2：

   (1) 範例輸入

   ```
   無
   ```

   (2) 範例輸出

   ```
   35 is odd number.
   ```

3. 參考程式：

```
1  import random
2  num = random.randint(1, 100)
3  if num % 2 == 0:
4      print('%d is even number.'%(num))
5  else:
6      print('%d is odd number.'%(num))
```

 綜合範例 13：

請使用選擇敘述撰寫一程式，利用克拉瑪(Cramer's rule)公式解二元一次方程式。假設有二個二元一次方程式，如下所示：

$ax + by = c$

$dx + ey = f$

其中 a, b, c, d, e, f 皆為整數， x 與 y 的解如下：

$x = (ce - bf) / (ae - bd)$

$y = (af - cd) / (ae - bd)$

＊ 提示：如果(ae − bd)為 0，則表示有無限多組解或無解。

1. 輸入輸出 1：

(1) 範例輸入

```
Enter a, b, c: 1, 2, 4
Enter d, e, f: 2, 4, 5
```

(2) 範例輸出

```
無解
```

2. 輸入輸出 2：

(1) 範例輸入

```
Enter a, b, c: 9, 4, -6
Enter d, e, f: 3, -5, -21
```

(2) 範例輸出

```
x is -2.00 ,y = -3.00
```

3. 參考程式：

```
1   a, b, c = eval(input('Enter a, b, c: '))
2   d, e, f = eval(input('Enter d, e, f: '))
3   
4   if a*e - b*d == 0:
5       if c*e - b*f == 0 and a*f - c*d == 0:
6           print('有無限多組解')
7       else:
8           print('無解')
9   else:
10      x = (c*e - b*f) / (a*e - b*d)
11      y = (a*f - c*d) / (a*e - b*d)
12      print('x is %.2f, y = %.2f '%(x, y))
```

綜合範例 **14**：

請使用選擇敘述撰寫一程式，讓使用者輸入的三位數的整數，檢視它是否為迴文數（palindrome number）。

1. 輸入輸出 1：

   (1) 範例輸入

   ```
   131
   ```

   (2) 範例輸出

   ```
   131 is a palindrome number.
   ```

2. 輸入輸出 2：

   (1) 範例輸入

   ```
   122
   ```

   (2) 範例輸出

   ```
   122 is not a palindrome number.
   ```

3. 參考程式：

```
1   number = eval(input("Enter a three-digit integer: "))
2   reversedNumber = (number % 10) * 100 + (number // 10 \
3                    % 10) * 10 + (number // 100)
4
5   if number == reversedNumber:
6       print(number, "is a palindrome number.")
7   else:
8       print(number, "is not a palindrome number.")
```

程式中由於有跨行，所以在後面加上 \ 表示此行連續到下一行。

 綜合範例 15：

請使用選擇敘述撰寫一程式，輸入三個整數，並由小至大加以排序後印出。

1. 輸入輸出：

   (1) 範例輸入

   ```
   Enter three integers: 8, 6, 1
   ```

   (2) 範例輸出

   ```
   The sorted numbers are 1 6 8
   ```

2. 參考程式：

```
1   num1, num2, num3 = eval(input("Enter three integers: "))
2   if num1 > num2:
3       num1, num2 = num2, num1
4
5   if num2 > num3:
6       num2, num3 = num3, num2
7
8   if num1 > num2:
9       num1, num2 = num2, num1
10
11  print("The sorted numbers are", num1, num2, num3)
```

程式中的

num1, num2 = num2, num1

表示將 num1 與 num2 交換。

Chapter 2 習題

1. 一元二次方程式 $ax^2 + bx + c$ 的解為 $(-b + (b^2 - 4ac)^{1/2})/2a$ 和 $(-b - (b^2 - 4ac)^{1/2})/2a$，試輸入 a、b、c，求出此方程式的解。

   * 輸入與輸出樣本 1：

     輸入：
     ```
     Enter a, b, c: 2, -8, 6
     ```
     輸出：
     ```
     The solutions are 3.000000 and 1.000000
     ```

   * 輸入與輸出樣本 2：

     輸入：
     ```
     Enter a, b, c: 1, -4, 4
     ```
     輸出：
     ```
     The solution is 2.000000
     ```

   * 輸入與輸出樣本 3：

     輸入：
     ```
     Enter a, b, c: 2, 1, 1
     ```
     輸出：
     ```
     No solution
     ```

2. 試撰寫一程式，由使用者的點座標(x, y)，其中 x, y 皆為整數，然後檢視該點是否位於中心點為(0, 0)，半徑為 8 的圓內或圓外。

   * 提示：若點座標與圓心(0, 0)的距離小於或等於 8，則表示此點位於圓內，否於位於圓外。

   * 輸入與輸出樣本 1：

     輸入：
     ```
     3, 6
     ```

輸出：

```
(3, 6) is inside of the circle
```

* 輸入與輸出樣本 2：

輸入：

```
8, 9
```

輸出：

```
(8, 9) is outside of the circle
```

3. 試撰寫一程式，利用亂數產生器產生介於 1~100 之間的亂數，然後檢視這個亂數是 3 的倍數或是 5 的倍數或皆是或皆不是。

* 提示：此亂數若除以 3，餘數為 0 時，則為 3 的倍數，若是除以 5，餘數為 0 時，則為 5 的倍數。

* 輸入與輸出樣本 1：

輸入：

```
無
```

輸出：

```
68 is not 3's or 5's multiply.
```

* 輸入與輸出樣本 2：

輸入：

```
無
```

輸出：

```
66 is 3's multiply.
```

* 輸入與輸出樣本 3：

輸入：

```
無
```

輸出：

```
45 is 3's and 5's multiply.
```

4. 試撰寫一程式，將使用者所輸入的十六進位的字元轉換為其十進位所對應的數值。

   * 輸入與輸出樣本 1：

     輸入：

     ```
     Enter a hexChar character: 9
     ```

     輸出：

     ```
     The decimal value is 9
     ```

   * 輸入與輸出樣本 2：

     輸入：

     ```
     Enter a hexChar character: A
     ```

     輸出：

     ```
     The decimal value is 10
     ```

   * 輸入與輸出樣本 3：

     輸入：

     ```
     Enter a hexChar character: a
     ```

     輸出：

     ```
     The decimal value is 10
     ```

   * 輸入與輸出樣本 4：

     輸入：

     ```
     Enter a hexChar character: G
     ```

     輸出：

     ```
     Invalid input
     ```

5. 試撰寫一程式，從使用者輸入一個整數，檢視它是否被 5 或 8 整除，或被 5 與 8 整除或無法被 5 或 8 整除。

   * 輸入與輸出樣本 1：

     輸入：

     ```
     Enter a number: 40
     ```

     輸出：

     ```
     40 can be divided by 5 or 8.
     40 can be divided by 5 and 8.
     ```

   * 輸入與輸出樣本 2：

     輸入：

     ```
     Enter a number: 15
     ```

     輸出：

     ```
     15 can be divided by 5 or 8.
     ```

   * 輸入與輸出樣本 3：

     輸入：

     ```
     Enter a number: 19
     ```

     輸出：

     ```
     19 can't be divided by 5 or 8.
     ```

筆記頁

Chapter 3

迴圈敘述

迴圈敘述

迴圈敘述（loop statement）表示重複執行某些敘述。迴圈敘述的三個要件分別是初值設定運算式、條件運算式，以及更新運算式。

Python 的迴圈敘述分別是以 while 和 for...in range 的方式表示。我們就一一的來說明之。

3-1 while 敘述

while 的迴圈敘述如下：

> 初值設定
>
> while 條件運算式：
>
> 主體敘述

若我們想要計算 1 加 100 的總和，其執行流程圖如下：

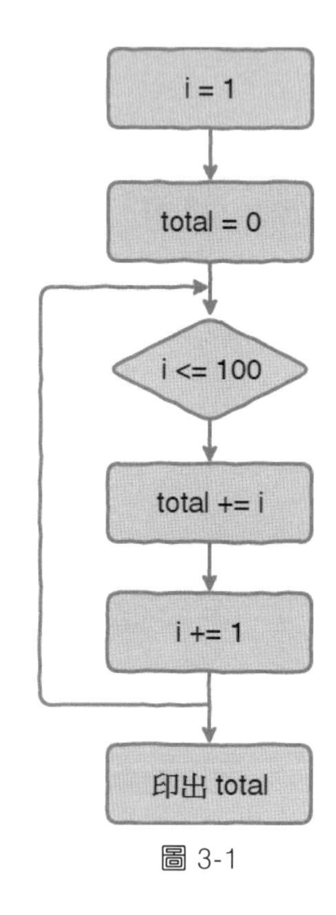

圖 3-1

範例程式：

```
1  i = 1
2  total = 0
3  while i <= 100:
4      total += i
5      i += 1
6  print('total = ', total)
```

輸出結果：

```
total =  5050
```

注意，while 敘述後面要加分號(:)。此程式的初值設定運算式是 i = 1；條件運算式是判斷 i <= 100 是否為真；而更新運算式是 i += 1。而且迴圈所要執行的敘述 total += i 和 i += 1 要對齊並內縮。若你將上述程式撰寫為：

範例程式：

```
1  i = 1
2  total = 0
3  while i <= 100:
4      total += i
5  i += 1
6  print('total = ', total)
```

則將會形成無窮迴圈。因為沒有對齊的關係，所以迴圈主體敘述沒有執行 i += 1，所以 i 永遠都是 1。

注意，以上迴圈的三大要素，若其中之一有所改變時，將會影響計算的結果。如改變初值設定運算式為 i = 2，則是計算 2 加到 100 的總和，其程式與輸出結果如下所示：

▶▶ 範例程式：

```
1  i = 2
2  total = 0
3  while i <= 100:
4      total += i
5      i += 1
6  print('total = ', total)
```

▶▶ 輸出結果：

```
total =  5049
```

若將原來的程式之條件運算式改為 i < 100，則是計算 1 加到 99 的總和，程式與輸出結果如下所示：

▶▶ 範例程式：

```
1  i = 1
2  total = 0
3  while i < 100:
4      total += i
5      i += 1
6  print('total = ', total)
```

▶▶ 輸出結果：

```
total =  4950
```

最後，若將原來程式的更新運算式改為 i += 2，則是計算 1 加到 100 的奇數和，程式與輸出結果如下所示：

▶▶ 範例程式：

```
1  i = 1
2  total = 0
3  while i <= 100:
4      total += i
5      i += 2
6  print('total = ', total)
```

▶▶ 輸出結果：

```
total =  2500
```

3-2 for...in range 迴圈

除了 while 迴圈外，還有一個是 for...in range 迴圈敘述。

for...in range 敘述的語法如下：

```
for  i in range(start, end, step):
```

其表示 i 是從 start 值開始，直到 end-1，中間的過程是每次加 step 值，若 step 值為 1，則可省略。其所對應的 while 迴圈敘述如下：

```
i = start
while i <= end-1:
    ...
    i += step
```

若將上述 1 加到 100 的 while 迴圈敘述改以 for...in range 敘述時，其對應的程式所示：

▶▶ 範例程式：

```
1 | total = 0
2 | for i in range(1, 101):
3 |     total += i
4 | print('total = ', total)
```

▶▶ 輸出結果：

```
total =  5050
```

要注意的是，end 是 101，因為它會減 1。也要注意 for 敘述的最後要加分號 (:)。

若將上述 2 加到 100，以 for 迴圈撰寫如下：

範例程式：

```
1  total = 0
2  for i in range(2, 101):
3      total += i
4  print('total = ', total)
```

若將上述 1 加到 99，以 for 迴圈撰寫如下：

範例程式：

```
1  total = 0
2  for i in range(1, 100):
3      total += i
4  print('total = ', total)
```

3-3 巢狀迴圈

巢狀迴圈（nested loop）或稱多重迴圈，顧名思義為迴圈內又有一迴圈。表示外迴圈內有內迴圈。我們以下列的範例說明之。

範例程式：

```
1  print('=====')
2  for x in range(1, 6):
3      print('x = %d'%(x))
4      for y in range(1, 6):
5          print('  y = %d'%(y))
6      print('======')
```

輸出結果：

```
=====
x = 1
   y = 1
   y = 2
   y = 3
   y = 4
   y = 5
======
x = 2
   y = 1
   y = 2
   y = 3
   y = 4
   y = 5
======
x = 3
   y = 1
   y = 2
   y = 3
   y = 4
   y = 5
======
x = 4
   y = 1
   y = 2
   y = 3
   y = 4
   y = 5
======
x = 5
   y = 1
   y = 2
   y = 3
   y = 4
   y = 5
======
```

當程式中外迴圈的變數 x 為 1 時，內迴圈的變數 y 會執行 1 到 5。從輸出結果可得知。接下來外迴圈的變數 x 為 2 時，再次執行內迴圈敘述，直到 x 大於 5。

有了以上的概念後，讓我們來撰寫印出九九乘法表的程式，如下所示：

範例程式：

```
1   # 9*9 multiple table
2   #version 1
3   for x in range(1, 10):
4       for y in range(1, 10):
5           print('%d*%d=%2d '%(x, y, x*y))
6       print()
```

輸出結果：

```
1*1= 1
1*2= 2
1*3= 3
1*4= 4
1*5= 5
1*6= 6
1*7= 7
1*8= 8
1*9= 9

2*1= 2
2*2= 4
2*3= 6
2*4= 8
2*5=10
2*6=12
2*7=14
2*8=16
2*9=18

3*1= 3
3*2= 6
3*3= 9
3*4=12
3*5=15
3*6=18
```

```
3*7=21
3*8=24
3*9=27

4*1= 4
4*2= 8
4*3=12
4*4=16
4*5=20
4*6=24
4*7=28
4*8=32
4*9=36

5*1= 5
5*2=10
5*3=15
5*4=20
5*5=25
5*6=30
5*7=35
5*8=40
5*9=45

6*1= 6
6*2=12
6*3=18
6*4=24
6*5=30
6*6=36
6*7=42
6*8=48
6*9=54

7*1= 7
7*2=14
7*3=21
7*4=28
7*5=35
```

```
7*6=42
7*7=49
7*8=56
7*9=63

8*1= 8
8*2=16
8*3=24
8*4=32
8*5=40
8*6=48
8*7=56
8*8=64
8*9=72

9*1= 9
9*2=18
9*3=27
9*4=36
9*5=45
9*6=54
9*7=63
9*8=72
9*9=81
```

此程式的核心是

print('%d*%d=%2d '%(x, y, x*y))

此敘述利用格式控制器來調整輸出結果。但此程式有一缺點就是每次都跳行。為了不讓它跳行，因此在此敘述的後面加上 end = ' '，如下所示：

範例程式：

```
1  #version 2
2  for x in range(1, 10):
3      for y in range(1, 10):
4          print('%d*%d=%2d '%(x, y, x*y), end = ' ')
5      print()
```

▶▶ 輸出結果：

```
1*1= 1  1*2= 2  1*3= 3  1*4= 4  1*5= 5  1*6= 6  1*7= 7  1*8= 8  1*9= 9
2*1= 2  2*2= 4  2*3= 6  2*4= 8  2*5=10  2*6=12  2*7=14  2*8=16  2*9=18
3*1= 3  3*2= 6  3*3= 9  3*4=12  3*5=15  3*6=18  3*7=21  3*8=24  3*9=27
4*1= 4  4*2= 8  4*3=12  4*4=16  4*5=20  4*6=24  4*7=28  4*8=32  4*9=36
5*1= 5  5*2=10  5*3=15  5*4=20  5*5=25  5*6=30  5*7=35  5*8=40  5*9=45
6*1= 6  6*2=12  6*3=18  6*4=24  6*5=30  6*6=36  6*7=42  6*8=48  6*9=54
7*1= 7  7*2=14  7*3=21  7*4=28  7*5=35  7*6=42  7*7=49  7*8=56  7*9=63
8*1= 8  8*2=16  8*3=24  8*4=32  8*5=40  8*6=48  8*7=56  8*8=64  8*9=72
9*1= 9  9*2=18  9*3=27  9*4=36  9*5=45  9*6=54  9*7=63  9*8=72  9*9=81
```

每二欄之間空二格。試問這一九九乘法表是我們小時候在墊板上所看到的嗎？好像不是，應該像以下這樣才對。

```
1*1= 1  2*1= 2  3*1= 3  4*1= 4  5*1= 5  6*1= 6  7*1= 7  8*1= 8  9*1= 9
1*2= 2  2*2= 4  3*2= 6  4*2= 8  5*2=10  6*2=12  7*2=14  8*2=16  9*2=18
1*3= 3  2*3= 6  3*3= 9  4*3=12  5*3=15  6*3=18  7*3=21  8*3=24  9*3=27
1*4= 4  2*4= 8  3*4=12  4*4=16  5*4=20  6*4=24  7*4=28  8*4=32  9*4=36
1*5= 5  2*5=10  3*5=15  4*5=20  5*5=25  6*5=30  7*5=35  8*5=40  9*5=45
1*6= 6  2*6=12  3*6=18  4*6=24  5*6=30  6*6=36  7*6=42  8*6=48  9*6=54
1*7= 7  2*7=14  3*7=21  4*7=28  5*7=35  6*7=42  7*7=49  8*7=56  9*7=63
1*8= 8  2*8=16  3*8=24  4*8=32  5*8=40  6*8=48  7*8=56  8*8=64  9*8=72
1*9= 9  2*9=18  3*9=27  4*9=36  5*9=45  6*9=54  7*9=63  8*9=72  9*9=81
```

喔，分析一下上述的結果，我們只要將

print('%d*%d=%2d '%(x, y, x*y), end = ' ')

改為

print('%d*%d=%2d '%(y, x, x*y), end = ' ')

此時就大功告成了。從上得知每一列的結果是第一個數在變數，因此其所對應的變數應該是內迴圈的變數 y，接下來才是外迴圈的變數 x。

最後修改後的程式如下：

```
1  #version 3
2  for x in range(1, 10):
3      for y in range(1, 10):
4          print('%d*%d=%2d '%(y, x, x*y), end = ' ')
5      print()
```

綜合範例

 綜合範例 1：

迴圈整數連加

1. 題目說明：

   請開啓 **PYD03.py** 檔案，依下列題意進行作答，依輸入值計算總和，使輸出值符合題意要求。請另存新檔為 **PYA03.py**，作答完成請儲存所有檔案至 C:\ANS.CSF 原資料夾內。

2. 設計說明：

   (1) 請使用迴圈敘述撰寫一程式，讓使用者輸入兩個正整數 a、b（a＜b），利用迴圈計算從 a 開始連加到 b 的總和。例如：輸入 a=1、b=100，則輸出結果為 5050（1 + 2 + ... + 100 = 5050）。

3. 輸入輸出：

   (1) 輸入說明

   兩個正整數（a、b，且 a < b）

   (2) 輸出說明

   計算從 a 開始連加到 b 的總和

   (3) 範例輸入

```
66
666
```

   範例輸出

```
219966
```

4. 參考程式：

```
1   a = int(input())
2   b = int(input())
3   ans = 0
4
5   for i in range(a, b+1):
6       ans += i
7
8   print(ans)
```

 綜合範例 2：

迴圈偶數連加

1. 題目說明：

 請開啓 **PYD03.py** 檔案，依下列題意進行作答，依輸入值計算偶數的總和，使輸出值符合題意要求。請另存新檔為 **PYA03.py**，作答完成請儲存所有檔案至 C:\ANS.CSF 原資料夾內。

2. 設計說明：

 (1) 請使用迴圈敘述撰寫一程式，讓使用者輸入兩個正整數 a、b（a < b），利用迴圈計算從 a 開始的偶數連加到 b 的總和。例如：輸入 a=1、b=100，則輸出結果為 2550（2 + 4 + … + 100 = 2550）。

3. 輸入輸出：

 (1) 輸入說明

 兩個正整數（a、b，且 a < b）

 (2) 輸出說明

 計算從 a 開始的偶數連加到 b 的總和

 (3) 範例輸入

```
14
1144
```

 範例輸出

```
327714
```

4. 參考程式：

```
1  a = int(input())
2  b = int(input())
3  ans = 0
4  
5  for i in range(a, b+1):
6      if i % 2 == 0:
7          ans += i
8  
9  print(ans)
```

 綜合範例 3：

迴圈數值相乘

1. 題目說明：

   請開啓 **PYD03.py** 檔案，依下列題意進行作答，依輸入值以三角形的方式輸出此數相乘結果，使輸出值符合題意要求。請另存新檔為 **PYA03.py**，作答完成請儲存所有檔案至 C:\ANS.CSF 原資料夾內。

2. 設計說明：

   (1) 請使用迴圈敘述撰寫一程式，讓使用者輸入一個正整數（<100），然後以三角形的方式依序輸出此數的階乘結果。

   ＊ 提示：輸出欄寬為 4，且需靠右對齊。

3. 輸入輸出：

   (1) 輸入說明

   一個正整數（<100）

   (2) 輸出說明

   以三角形的方式依序輸出此數的階乘結果

   (3) 範例輸入

```
5
```

   範例輸出

```
···1
···2···4
···3···6···9
···4···8··12··16
···5··10··15··20··25
```

(4) 範例輸入

```
12
```

範例輸出

```
···1
···2···4
···3···6···9
···4···8··12··16
···5··10··15··20··25
···6··12··18··24··30··36
···7··14··21··28··35··42··49
···8··16··24··32··40··48··56··64
···9··18··27··36··45··54··63··72··81
··10··20··30··40··50··60··70··80··90·100
··11··22··33··44··55··66··77··88··99·110·121
··12··24··36··48··60··72··84··96·108·120·132·144
```

4. 參考程式：

```
1   num = eval(input())
2   for i in range(1, num+1):
3       for j in range(1, i+1):
4           print("%4d"%(i*j), end = '')
5       print()
```

 綜合範例 4：

迴圈倍數總和

1. 題目說明：

   請開啟 **PYD03.py** 檔案，依下列題意進行作答，依輸入值計算所有 5 之倍數總和，使輸出值符合題意要求。請另存新檔為 **PYA03.py**，作答完成請儲存所有檔案至 C:\ANS.CSF 原資料夾內。

2. 設計說明：

   (1) 請使用迴圈敘述撰寫一程式，讓使用者輸入一個正整數 a，利用迴圈計算從 1 到 a 之間，所有 5 之倍數數字總和。

3. 輸入輸出：

   (1) 輸入說明

   一個正整數

   (2) 輸出說明

   所有 5 之倍數數字總和

   (3) 範例輸入

   ```
   21
   ```

   範例輸出

   ```
   50
   ```

4. 參考程式：

```
1  num = eval(input())
2  ans = 0
3
4  for i in range(1, num+1):
5      if i % 5 == 0 :
6          ans += i
7
8  print(ans)
```

 綜合範例 5：

數字反轉

1. 題目說明：

   請開啓 **PYD03.py** 檔案，依下列題意進行作答，將輸入值進行反轉，使輸出值符合題意要求。請另存新檔為 **PYA03.py**，作答完成請儲存所有檔案至 C:\ANS.CSF 原資料夾內。

2. 設計說明：

   (1) 請使用迴圈敘述撰寫一程式，讓使用者輸入一個正整數，將此數值以反轉的順序輸出。

3. 輸入輸出：

   (1) 輸入說明

   一個正整數

   (2) 輸出說明

   將此數值以反轉的順序輸出

   (3) 範例輸入

   ```
   31283
   ```

   範例輸出

   ```
   38213
   ```

   (4) 範例輸入

   ```
   1003120
   ```

   範例輸出

   ```
   0213001
   ```

4. 參考程式：

```
1  a = eval(input())
2
3  while a != 0 :
4      print(a % 10, end = '')
5      a //= 10
6
```

 綜合範例 **6**：

迴圈階乘計算

1. 題目說明：

   請開啓 **PYD03.py** 檔案，依下列題意進行作答，依輸入值計算 n!的值，使輸出值符合題意要求。請另存新檔為 **PYA03.py**，作答完成請儲存所有檔案至 C:\ANS.CSF 原資料夾內。

2. 設計說明：

   (1) 請使用迴圈敘述撰寫一程式，讓使用者輸入一個正整數 n，利用迴圈計算並輸出 n!的值。

3. 輸入輸出：

   (1) 輸入說明

   一個正整數

   (2) 輸出說明

   計算 n!的值

   (3) 範例輸入

   ```
   15
   ```

   範例輸出

   ```
   1307674368000
   ```

4. 參考程式：

```
1   n = eval(input())
2   result = 1
3   for i in range(1, n+1):
4       result *= i
5   print(result)
```

綜合範例 7：

乘法表

1. 題目說明：

   請開啓 **PYD03.py** 檔案，依下列題意進行作答，依輸入值計算 n*n 乘法表，使輸出值符合題意要求。請另存新檔為 **PYA03.py**，作答完成請儲存所有檔案至 C:\ANS.CSF 原資料夾內。

2. 設計說明：

   (1) 請使用迴圈敘述撰寫一程式，要求使用者輸入一個正整數 n（n<10），顯示 n*n 乘法表。

   (2) 每項運算式需進行格式化排列整齊，每個運算子及運算元輸出的欄寬為 2，而每項乘積輸出的欄寬為 4，皆靠左對齊不跳行。

3. 輸入輸出：

   (1) 輸入說明

   一個正整數 n（n<10）

   (2) 輸出說明

   輸出格式化的 n*n 乘法表

   (3) 範例輸入

```
3
```

   範例輸出

```
1·*·1·=·1···2·*·1·=·2···3·*·1·=·3···
1·*·2·=·2···2·*·2·=·4···3·*·2·=·6···
1·*·3·=·3···2·*·3·=·6···3·*·3·=·9···
```

(4) 範例輸入

```
5
```

範例輸出

```
1·*·1·=·1···2·*·1·=·2···3·*·1·=·3···4·*·1·=·4···5·*·1·=·5···
1·*·2·=·2···2·*·2·=·4···3·*·2·=·6···4·*·2·=·8···5·*·2·=·10··
1·*·3·=·3···2·*·3·=·6···3·*·3·=·9···4·*·3·=·12··5·*·3·=·15··
1·*·4·=·4···2·*·4·=·8···3·*·4·=·12··4·*·4·=·16··5·*·4·=·20··
1·*·5·=·5···2·*·5·=·10··3·*·5·=·15··4·*·5·=·20··5·*·5·=·25··
```

4. 參考程式：

```
1  n = eval(input())
2  
3  for i in range(1, n + 1):
4      for j in range(1, n + 1):
5          print("%-2d* %-2d= %-4d"%(j, i, j*i), end='')
6      print()
```

綜合範例 8：

迴圈位數加總

1. 題目說明：

   請開啓 **PYD03.py** 檔案，依下列題意進行作答，將輸入值之每位數全部加總，使輸出值符合題意要求。請另存新檔為 **PYA03.py**，作答完成請儲存所有檔案至 C:\ANS.CSF 原資料夾內。

2. 設計說明：

   (1) 請使用迴圈敘述撰寫一程式，要求使用者輸入一個數字，此數字代表後面測試資料的數量。每一筆測試資料是一個正整數（由使用者輸入），將此正整數的每位數全部加總起來。

3. 輸入輸出：

   (1) 輸入說明

   先輸入一個正整數代表後面測試資料的數量
   依測試資料的數量，再輸入正整數的測試資料

   (2) 輸出說明

   將測試資料的每位數全部加總

   (3) 輸入與輸出會交雜如下，輸出之項目以粗體字表示

```
1
98765
Sum of all digits of 98765 is 35
```

   (4) 輸入與輸出會交雜如下，輸出之項目以粗體字表示

```
3
32412
Sum of all digits of 32412 is 12
0
Sum of all digits of 0 is 0
769
Sum of all digits of 769 is 22
```

4. 參考程式：

```
1  total = eval(input())
2
3  for i in range(total):
4      num = eval(input())
5
6      tmp = num
7      sum_digit = 0
8      while tmp != 0:
9          sum_digit += tmp % 10
10         tmp //= 10
11
12     print("Sum of all digits of %d is %d" % (num, sum_digit))
```

 綜合範例 9：

存款總額

1. 題目說明：

   請開啓 **PYD03.py** 檔案，依下列題意進行作答，計算每個月的存款總額，使輸出值符合題意要求。請另存新檔為 **PYA03.py**，作答完成請儲存所有檔案至 C:\ANS.CSF 原資料夾內。

2. 設計說明：

   (1) 請使用迴圈敘述撰寫一程式，提示使用者輸入金額（如 10,000）、年收益率（如 5.75），以及經過的月份數（如 5），接著顯示每個月的存款總額。

   ＊ 提示：四捨五入，輸出浮點數到小數點後第二位。

   ＊ 舉例：假設您存款$10,000，年收益為 5.75%。

   過了一個月，存款會是：10000 + 10000 * 5.75 / 1200 = 10047.92

   過了兩個月，存款會是：10047.92 + 10047.92 * 5.75 / 1200 = 10096.06

   過了三個月，存款將是：10096.06 + 10096.06 * 5.75 / 1200 = 10144.44

   以此類推。

3. 輸入輸出：

   (1) 輸入說明

   一個正整數（金額）、一個正數（收益率）及一個正整數（月份）

   (2) 輸出說明

   格式化輸出每個月的存款總額

(3) 範例輸入

```
50000
1.3
5
```

範例輸出

```
Month·→ ··Amount
··1·→   ·50054.17
··2·→   ·50108.39
··3·→   ·50162.68
··4·→   ·50217.02
··5·→   ·50271.42
```

4. 參考程式：

```
1  amount = eval(input())
2  rate = eval(input())
3  months = eval(input())
4
5  total = amount
6  print('%s \t  %s' % ('Month', 'Amount'))
7  for i in range(1, months + 1):
8      total += total * rate / 1200
9      print('%3d \t %.2f' % (i, total))
```

 綜合範例 10：

迴圈公式計算

1. 題目說明：

   請開啟 **PYD03.py** 檔案，依下列題意進行作答，依公式計算總和，使輸出值符合題意要求。請另存新檔為 **PYA03.py**，作答完成請儲存所有檔案至 C:\ANS.CSF 原資料夾內。

2. 設計說明：

   (1) 請使用迴圈敘述撰寫一程式，讓使用者輸入正整數 n (1 < n)，計算以下公式的總和並顯示結果：

   $$\frac{1}{1+\sqrt{2}}+\frac{1}{\sqrt{2}+\sqrt{3}}+\frac{1}{\sqrt{3}+\sqrt{4}}+\cdots+\frac{1}{\sqrt{n-1}+\sqrt{n}}$$

   * 提示：輸出結果至小數點後四位。

3. 輸入輸出：

   (1) 輸入說明

   一個正整數

   (2) 輸出說明

   代入公式計算結果

   (3) 範例輸入

   ```
   8
   ```

   範例輸出

   ```
   1.8284
   ```

4. 參考程式：

```
1  n = eval(input())
2  sum_series = 0
3
4  for i in range(2, n+1):
5      sum_series += 1 / ((i-1)**0.5 + i**0.5)
6  print("%.4f" % sum_series)
```

綜合範例 11：

請使用迴圈敘述撰寫一程式，預測未來學費。假設第一年的學費由使用者輸入，而學費每年漲 3%，試計算幾年後學費會變成兩倍。

1. 輸入輸出：

   (1) 範例輸入

   ```
   10000
   ```

   (2) 範例輸出

   ```
   #1 year: 10300.00
   #2 year: 10609.00
   #3 year: 10927.27
   #4 year: 11255.09
   #5 year: 11592.74
   #6 year: 11940.52
   #7 year: 12298.74
   #8 year: 12667.70
   #9 year: 13047.73
   #10 year: 13439.16
   #11 year: 13842.34
   #12 year: 14257.61
   #13 year: 14685.34
   #14 year: 15125.90
   #15 year: 15579.67
   #16 year: 16047.06
   #17 year: 16528.48
   #18 year: 17024.33
   #19 year: 17535.06
   #20 year: 18061.11
   #21 year: 18602.95
   #22 year: 19161.03
   #23 year: 19735.87
   #24 year: 20327.94
   Tuition will be doubled in 24 year
   ```

2. 參考程式：

```
1   tuition = eval(input())
2   year = 0
3   tuitionD = tuition * 2
4   while tuition < tuitionD:
5       year += 1
6       tuition *= 1.03
7       print('#%d year: %.2f'%(year, tuition))
8
9   print('Tuition will be doubled in %d year'%(year))
```

 綜合範例 **12**：

請使用迴圈敘述撰寫一程式，將華氏溫度 10 度到 240 度轉為其對應的攝氏溫度。

＊ 提示：攝氏溫度 = 5/9 *（華氏溫度-32）。

1. 輸入輸出：

(1) 範例輸入

```
無
```

(2) 範例輸出

```
華氏       攝氏
10       -12.22
20        -6.67
30        -1.11
40         4.44
50        10.00
60        15.56
70        21.11
80        26.67
90        32.22
100       37.78
110       43.33
120       48.89
130       54.44
140       60.00
150       65.56
160       71.11
170       76.67
180       82.22
190       87.78
200       93.33
210       98.89
220      104.44
```

2. 參考程式：

```
1  print('%s %7'%('華氏','攝氏'))
2  for F in range(10, 250, 10):
3      C = 5/9 * (F-32)
4      print('%-4d %8.2f'%(F, C))
```

綜合範例 13：

請使用迴圈敘述撰寫一程式，然後計算：

$$1/3 + 3/5 + 5/7 + 7/9 + 9/11 + \ldots + (n-2)/(n)$$

1. 輸入輸出：

   (1) 範例輸入

   ```
   99
   ```

   (2) 範例輸出

   ```
   total = 45.12445
   ```

2. 參考程式：

```
1  n = eval(input())
2  total = 0
3  
4  for i in range(n, 2, -2):
5      total += (i-2)/i
6  print('total = %.5f'%(total))
```

 綜合範例 **14**：

請使用迴圈敘述撰寫一程式，然後計算：

1 + 1/2 + 1/3 + 1/4 + 1/5 + ... + 1/n

1. 輸入輸出：

   (1) 範例輸入

   ```
   50000
   ```

   (2) 範例輸出

   ```
   1 + 1/2 + 1/3 + 1/4 + ... + 1/n =  11.397003949278504
   ```

2. 參考程式：

```
1  n = eval(input())
2  total = 0
3  for i in range(1, n+1):
4      total += 1.0 / i
5  print('1 + 1/2 + 1/3 + 1/4 + ... + 1/n = ', total)
```

 綜合範例 15：

請使用迴圈敘述撰寫一程式，然後計算：

$$1/n + 1/(n-1) + 1/(n-2) + 1/(n-3) + 1/(n-4) + \dots + 1$$

1. 輸入輸出：

   (1) 範例輸入

   ```
   50000
   ```

   (2) 範例輸出

   ```
   1/n + 1/(n-1) + 1/(n-2) +...+ 1 = 11.397003949278519
   ```

2. 參考程式：

```
1   n = eval(input())
2   total = 0
3   for i in range(n, 0, -1):
4       total += 1.0 / i
5   print('1/n + 1/(n-1) + 1/(n-2) +...+ 1 = ', total)
```

由綜合範例 15 與綜合範例 14 得知，

$$1/n + 1/(n-1) + 1/(n-2) + \dots + 1$$

比

$$1 + 1/2 + 1/3 + 1/4 + \dots + 1/n$$

兩者相差 1.4210854715202004e-14

Chapter 3 習題

1. 請以 while 迴圈撰寫 9 * 9 的乘法表。

   輸出結果如同本章內文以 for 迴圈撰寫 9*9 乘法表。

2. 請撰寫一程式，讓使用者輸入一個正整數（<100），然後以三角形的方式依序輸出此數的階乘結果。

   * 提示：輸出欄寬為 4，且需靠左對齊。
   * 輸入與輸出樣本 1：

     輸入：

     ```
     5
     ```

     輸出：

     ```
     1
     1   2
     1   2   3
     1   2   3   4
     1   2   3   4   5
     ```

   * 輸入與輸出樣本 2：

     輸入：

     ```
     12
     ```

     輸出：

     ```
     1
     1   2
     1   2   3
     1   2   3   4
     1   2   3   4   5
     1   2   3   4   5   6
     1   2   3   4   5   6   7
     1   2   3   4   5   6   7   8
     1   2   3   4   5   6   7   8   9
     1   2   3   4   5   6   7   8   9   10
     1   2   3   4   5   6   7   8   9   10  11
     1   2   3   4   5   6   7   8   9   10  11  12
     ```

3. 請撰寫一程式，讓使用者輸入兩個正整數 a、b（a < b），利用迴圈計算從 a 開始的偶數連加到 b 的總和。例如：輸入 a=1 、b=100，則輸出結果為 2550。

* 輸入與輸出樣本：

輸入：
```
1
100
```

輸出：
```
total = 2550
```

4. 試撰寫一程式，由使用者輸入一正整數（<100）後，印出以下的左上三角形。

* 提示：輸出欄寬為 4，且需靠左對齊。

* 輸入與輸出樣本 1：

輸入：
```
Enter a number: 6
```

輸出：
```
   1   2   3   4   5   6
   1   2   3   4   5
   1   2   3   4
   1   2   3
   1   2
   1
```

* 輸入與輸出樣本 2：

輸入：
```
Enter a number: 8
```

輸出：
```
   1   2   3   4   5   6   7   8
   1   2   3   4   5   6   7
   1   2   3   4   5   6
   1   2   3   4   5
   1   2   3   4
   1   2   3
   1   2
   1
```

5. 試撰寫一程式，由使用者輸入一數字，然後印出 1 到此數字階層。

* 輸入與輸出樣本 1：

輸入：

```
10
```

輸出：

```
# 1! = 1
# 2! = 2
# 3! = 6
# 4! = 24
# 5! = 120
# 6! = 720
# 7! = 5040
# 8! = 40320
# 9! = 362880
#10! = 3628800
```

* 輸入與輸出樣本 2：

輸入：

```
20
```

輸出：

```
# 1! = 1
# 2! = 2
# 3! = 6
# 4! = 24
# 5! = 120
# 6! = 720
# 7! = 5040
# 8! = 40320
# 9! = 362880
#10! = 3628800
#11! = 39916800
#12! = 479001600
#13! = 6227020800
#14! = 87178291200
#15! = 1307674368000
#16! = 20922789888000
#17! = 355687428096000
#18! = 6402373705728000
#19! = 121645100408832000
#20! = 2432902008176640000
```

Chapter 4

進階控制流程

進階控制流程

此章的進階控制流程其實就是前面二章的應用，也就是將選擇敘述與迴圈敘述混搭來完成你的工作。利用迴圈敘述加上選擇敘述，好比如虎添翼般的更具有威力，請參閱以下的範例程式。

4-1 亂數產生器

試撰寫一程式產生 10 個亂數，程式如下所示：

範例程式：

```
1  import random
2  for i in range(1, 11):
3      randNum = random.randint(1, 100)
4      print('%4d'%(randNum), end = '')
```

輸出結果：

```
   8  41  69   7  12  76   8  21  23  71
```

若要檢視所產生的亂數中有多少個是偶數或是奇數，此時就必需藉助選擇敘述來判斷。如下範例程式所示：

範例程式：

```
1  import random
2  even = 0
3  odd = 0
4  for i in range(1, 11):
5      randNum = random.randint(1, 100)
6      print(randNum, end = ' ')
7      if randNum % 2 == 0:
8          even += 1
9      else:
10         odd += 1
11 print('\neven = %d, odd = %d'%(even, odd))
```

▶▶ 輸出結果：

```
23  41  14   8   2  10  21  34  85  41
even = 5, odd = 5
```

此程式較上一程式多了以下的敘述：

▶▶ 範例程式：

```
1  if randNum % 2 == 0:
2       even += 1
3  else:
4       odd += 1
```

以及用來印出偶數和奇數個數的 print 敘述：

print('\neven = %d, odd = %d'%(even, odd))

再產生多一點的亂數，今利用亂數產生器產生 100 個亂數，然後判斷這些亂數有多少個是 3 的倍數，5 的倍數，7 的倍數，和不為 3 或 5 或 7 倍數的個則程式如下所示：

▶▶ 範例程式：

```
1   #Version 1
2   import random
3   times3 = 0
4   times5 = 0
5   times7 = 0
6   others = 0
7   for i in range(1, 101):
8       flag = False
9       randNum = random.randint(1, 100)
10      print(randNum, end = ' ')
11      if randNum % 3 == 0:
12          times3 += 1
13          flag = True
14      if randNum % 5 == 0:
15          times5 += 1
```

```
16            flag = True
17        if randNum % 7 == 0:
18            times7 +=1
19            flag = True
20        if flag == False:
21            others += 1
22    print('\ntimes3 = %d, times5 = %d , times7 = %d'%(times3,
23           times5, times7))
24    print('others = %d'%(others))
```

▶▶ 輸出結果：

```
85 42 10 27 12 89 96 42 35 86 65 46 15 59 30 42 87 22 82 77 78 85 53
10 91 75 93 10 50 65 4 5 3 10 8 11 9 38 7 54 94 24 27 51 2 81 8 31 24
37 87 82 69 44 76 60 86 90 23 16 19 18 76 81 23 43 89 15 44 10 31 23
23 99 61 94 67 100 71 71 90 69 15 28 21 54 85 7 22 76 75 83 25 84 53
2 78 91 79 75
times3 = 37, times5 = 25 , times7 = 12
others = 42
```

此程式和上一程式差不多都使用選擇敘述來判斷所產生的亂數是 3 或 5 或 7 的倍數，和不為 3 或 5 或 7 倍數的個數。程式雖然可正確的執行，但其輸出結果並不怎麼美觀，以下程式將針對此點做了一些改善，請參閱以下範例程式：

▶▶ 範例程式：

```
1     #Version 2
2     import random
3     times3 = 0
4     times5 = 0
5     times7 = 0
6     others = 0
7     count = 1
8     for i in range(1, 101):
9         flag = False
10        randNum = random.randint(1, 100)
11        if count % 10 != 0:
12            print('%5d'%(randNum), end = ' ')
13        else:
```

```
14            print('%5d'%(randNum))
15        count += 1
16
17        # Calculate times3, times5, and times7
18        if randNum % 3 == 0:
19            times3 += 1
20        if randNum % 5 == 0:
21            times5 += 1
22        if randNum % 7 == 0:
23            times7 +=1
24        if flag == False
25            others += 1
26    print('\ntimes3 = %d, times5 = %d , times7 = %d'%(times3, times5, times7))
27    print('others = %d'%(others))
```

▶▶ 輸出結果：

```
   43   51   44   41   82   76   50    8   36   43
   58   68   85   77   11   50   39   98   32   29
   55   69   53   33   82   53   23   19   12   22
   36   26   80   96   79   32   69   38   69   95
   81   90    1   86   20   32   44   73   83   52
   95   50   45   20   40   56   51   84   34   56
   10   88   68   25   17   82   28   58    6   54
   48   79    2   36   60   29   75   81   36   35
   68   91   25   44   62   92   74   66   37   89
   67   85    5   59   53    6   36   40   45   98

times3 = 27, times5 = 23, times7 = 9
others = 48
```

我們將這 100 個亂數以一列印出 10 個亂數，以下是其對應的片段程式碼：

▶▶ 範例程式：

```
1    count = 1
2    for i in range(1, 101):
3        randNum = random.randint(1, 100)
4        if count % 10 != 0:
5            print('%5d'%(randNum), end = ' ')
6        else:
7            print('%5d'%(randNum))
8        count += 1
```

程式中以 count 變數來控制每一列要印出 10 個亂數。當 count 可被 10 整除時，則要跳行，所以其對應的 print 敘述不必加 end = ''。

4-2 定數迴圈與不定數迴圈

當迴圈有固定執行的次數時，我們稱之為定數迴圈。而不定數迴圈，表示沒有固定的迴圈執行次數，使用者隨時可以以另一種方式來中止迴圈的執行。

例如，產生 10 次的 1 到 49 的亂數，此為定數迴圈，因為我們固定它執行 10 次。程式如下所示：

▶▶ 範例程式：

```
1  import random
2  count = 1
3  while count <= 10:
4      for i in range(1, 7):
5          randNum = random.randint(1, 49)
6          print('%3d'%(randNum), end = ' ')
7      print()
8      count += 1
9  print('Over')
```

▶▶ 輸出結果：

```
 23  37  49  40  49  34
 30   1  22  23  20  44
 12  39   5  30  43  33
 20  45  42   2  16  42
 10  13  42  11  43  36
 44  47  16  37  46  23
 34   3   2  10  36  23
 38  39  23  44  27  41
 19   6  37  42  27   9
  3  44  26   1   6   1
Over
```

此程式為多重迴圈，在外迴圈的 while 用來控制產生多少次的亂數，以 count 變數來輔助。而在內迴圈的 for 則產生六個 1~49 的亂數。

我們現在以不定數迴圈來實作之。程式中以交談式的方式詢問使用者是否要再繼續產生六個 1~49 的亂數。如以下範例程式所示：

範例程式：

```
1  import random
2  again = 1
3  while again == 1:
4      for i in range(1, 7):
5          randNum = random.randint(1, 49)
6          print('%3d'%(randNum), end = ' ')
7      print()
8      again = eval(input('continue:1 or quit:0 ---->'))
9  print('Over')
```

輸出結果：

```
 22  12   8   6   3  11
continue:1 or quit:0 ---->1
 20   1  46  42  43  28
continue:1 or quit:0 ---->1
 27  45  49   9  40   8
continue:1 or quit:0 ---->1
 30  18  21  10  35  34
continue:1 or quit:0 ---->1
 19  14  43  34  33  14
continue:1 or quit:0 ---->0
Over
```

程式中以 again 變數來控制程式是否繼續產生六個 1~49 的亂數。以交談式的方式引導使用者輸入一數值，並指定給 again 變數，若輸入 1，則表示繼續產生六個 1~49 的亂數，若為 0，則結束迴圈的執行。

4-3 break 與 continue 敘述

Python 和 C 一樣也提供了 break 和 continue 敘述。break 表示終止執行包含此敘述的迴圈。若將上一程式改以無窮迴圈的方式執行時，則必需在程式中有一 break 敘述用來終止它。

▶▶ 範例程式：

```
1  import random
2  while True:
3      for i in range(1, 7):
4          randNum = random.randint(1, 49)
5          print(randNum, end = '  ')
6      print()
7      again = eval(input('continue:1 or quit:0 ---->'))
8      if again == 0:
9          break
10 print('Over')
```

▶▶ 輸出結果：

```
21  15  13  17  31  48
continue:1 or quit:0 ---->1
45  49  37  34  30  21
continue:1 or quit:0 ---->1
21  37  39  17  43  34
continue:1 or quit:0 ---->1
43  22  27  12  37  44
continue:1 or quit:0 ---->0
Over
```

程式中的

while True:

表示它是一無窮迴圈，當程式提示使用者輸入 again 時，若它為 0，則以 break 來結束迴圈，以結束與此 break 對應的 while 迴圈，注意，不是結束 for 迴圈喔！

再舉一範例來說明 break 敘述，以亂數產生器產生兩個亂數，分別指定給 n1 和 n2，然後由使用者輸入這兩個數字的和。若答錯，則將繼續做答；若答對，則以 break 敘述結束迴圈的執行。如下所示：

▶▶ 範例程式：

```
1   import random
2   n1 = random.randint(1, 100)
3   n2 = random.randint(1, 100)
4   while True:
5       solution = n1 + n2
6       answer = eval(input('%d + %d = '%(n1, n2)))
7       if answer == solution:
8           print('Correct, you are very good.')
9           break
10      else:
11          print('Wrong answer, try again.')
12  print('Over')
```

▶▶ 輸出結果：

```
100 + 83 = 66
Wrong answer, try again.
100 + 83 = 123
Wrong answer, try again.
100 + 83 = 183
Correct, you are very good.
Over
```

程式中也是以

while True:

的無窮迴圈格式來執行程式。除了 break 敘述外，Python 也提供了 continue 敘述，它表示不繼續執行 continue 下的敘述，而直接回到迴圈的條件運算式進行判斷。如下範例程式：

▶▶ 範例程式：

```
1   total = 0
2   number = 1
3   while number <= 15:
4       if number % 5 == 0:
5           number += 1
6           continue
7       print('%3d'%(number), end = ' ')
8       total += number
9       number += 1
10
11  print('\ntotal = %d'%(total))
```

▶▶ 輸出結果：

```
  1   2   3   4   6   7   8   9  11  12  13  14
total = 90
```

此程式是在計算由 1 到 15 中，將 5 的倍數去除，其餘的數字則印出並加總。所以當 number 為 5 的倍數時，則執行 number 加 1 與 continue，不加以執行印出和加總的動作，再回到 while 的條件運算式檢視 number 是否小於等於 15。

試問若將上一程式的 continue 改為 break，其答案為何？

▶▶ 範例程式：

```
1  total = 0
2  number = 1
3  while number <= 15:
4      if number % 5 == 0:
5          number += 1
6          break
7      print('%3d'%(number), end = ' ')
8      total += number
9      number += 1
10
11 print('\ntotal = %d'%(total))
```

▶▶ 輸出結果：

```
  1   2   3   4
total = 10
```

答案很明顯，只有執行 1 加到 4，當 number 為 5 時，就執行 break 敘述，導致整個迴圈終止。

綜合範例

綜合範例 1：

最小值

1. 題目說明：

   請開啓 **PYD04.py** 檔案，依下列題意進行作答，使輸出值符合題意要求。請另存新檔為 **PYA04.py**，作答完成請儲存所有檔案至 C:\ANS.CSF 原資料夾內。

2. 設計說明：

   (1) 請撰寫一程式，由使用者輸入十個數字，然後找出其最小值，最後輸出最小值。

3. 輸入輸出：

   (1) 輸入說明

   十個數值

   (2) 輸出說明

   十個數值中的最小值

   (3) 範例輸入

```
23
57
48
2
99
70
9
65
35
88
```

   範例輸出

```
2
```

4. 參考程式：

```
1  total = 10
2  
3  min_num = eval(input())
4  for i in range(total-1):
5      num = eval(input())
6      if num < min_num:
7          min_num = num
8  
9  print(min_num)
```

 綜合範例 **2**：

不定數迴圈-最小值

1. 題目說明：

   請開啟 **PYD04.py** 檔案，依下列題意進行作答，使輸出值符合題意要求。請另存新檔為 **PYA04.py**，作答完成請儲存所有檔案至 C:\ANS.CSF 原資料夾內。

2. 設計說明：

   (1) 請撰寫一程式，讓使用者輸入數字，輸入的動作直到輸入值為 9999 才結束，然後找出其最小值，並輸出最小值。

3. 輸入輸出：

   (1) 輸入說明

   n 個數值，直至 9999 結束輸入

   (2) 輸出說明

   n 個數值中的最小值

   (3) 範例輸入

```
29
100
948
377
-28
0
-388
9999
```

   範例輸出

```
-388
```

4. 參考程式：

```
1  num = eval(input())
2  min_num = num
3
4  while num != 9999:
5      num = eval(input())
6      if num < min_num:
7          min_num = num
8
9  print(min_num)
```

綜合範例 3：

倍數總和計算

1. 題目說明：

   請開啓 **PYD04.py** 檔案，依下列題意進行作答，使輸出值符合題意要求。請另存新檔為 **PYA04.py**，作答完成請儲存所有檔案至 C:\ANS.CSF 原資料夾内。

2. 設計說明：

   (1) 請撰寫一程式，讓使用者輸入兩個正整數 a、b（a<=b），輸出從 a 到 b（包含 a 和 b）之間 4 或 9 之倍數（一列輸出十個數字、欄寬為 4、靠左對齊）以及倍數之個數、總和。

3. 輸入輸出：

   (1) 輸入說明

   兩個正整數 a、b（a<=b）

   (2) 輸出說明

   格式化輸出兩個正整數之間 4 或 9 之倍數（包含 a 和 b）
   倍數個數
   倍數總合

   (3) 範例輸入

```
5
55
```

   範例輸出

```
8···9···12··16··18··20··24··27··28··32··
36··40··44··45··48··52··54··
17
513
```

4. 參考程式：

```
1   a = int(input())
2   b = int(input())
3   count = total_sum = 0
4   time = 10
5   for i in range(a, b + 1):
6       if i % 4 == 0 or i % 9 == 0:
7           print('%-4d' % i, end='')
8           total_sum += i
9           count += 1
10          if count % time == 0:
11              print()
12  if count > 0 and count % 10 != 0:
13      print()
14  print('%d'%(count))
15  print(total_sum)
```

 綜合範例 **4**：

數字反轉判斷

1. 題目說明：

   請開啓 **PYD04.py** 檔案，依下列題意進行作答，使輸出值符合題意要求。請另存新檔為 **PYA04.py**，作答完成請儲存所有檔案至 C:\ANS.CSF 原資料夾內。

2. 設計說明：

   (1) 請撰寫一程式，讓使用者輸入一個正整數，將此正整數以反轉的順序輸出，並判斷如輸入為 0，則輸出為 0。

3. 輸入輸出：

   (1) 輸入說明

   ```
   一個正整數或 0
   ```

   (2) 輸出說明

   ```
   正整數反轉輸出。如輸入數值為 0，輸出為 0
   ```

   (3) 範例輸入

   ```
   31283
   ```

   範例輸出

   ```
   38213
   ```

   (4) 範例輸入

   ```
   0
   ```

   範例輸出

   ```
   0
   ```

   (5) 範例輸入

   ```
   135790
   ```

   範例輸出

   ```
   097531
   ```

4. 參考程式：

```
1  number = eval(input())
2
3  if number == 0:
4      print(number)
5  else:
6      while number != 0:
7          print(number % 10, end='')
8          number //= 10
9
```

綜合範例 5：

不定數迴圈-分數等級

1. 題目說明：

   請開啓 **PYD04.py** 檔案，依下列題意進行作答，使輸出值符合題意要求。請另存新檔為 **PYA04.py**，作答完成請儲存所有檔案至 C:\ANS.CSF 原資料夾內。

2. 設計說明：

   (1) 請撰寫一程式，以不定數迴圈的方式輸入一個正整數（代表分數），之後根據以下分數與 GPA 的對照表，印出其所對應的 GPA。假設此不定數迴圈輸入-9999 則會結束此迴圈。

   (2) 標準如下表所示：

分數	GPA
90 ~ 100	A
80 ~ 89	B
70 ~ 79	C
60 ~ 69	D
0 ~ 59	E

3. 輸入輸出：

   (1) 輸入說明

   一個正整數，直至-9999 結束輸入

   (2) 輸出說明

   依輸入值，輸出對應的 GPA

(3) 輸入與輸出會交雜如下，輸出之項目以粗體字表示

```
75
C
39
E
100
A
85
B
65
D
-9999
```

4. 參考程式：

```
1   grade = ""
2   score = int(input())
3   while score != -9999:
4       if score >= 90 and score <= 100:
5           grade = 'A'
6       elif score >= 80 and score <= 89:
7           grade = 'B'
8       elif score >= 70 and score <= 79:
9           grade = "C"
10      elif score >= 60 and score <= 69:
11          grade = "D"
12      else:
13          grade = "E"
14      print(grade)
15
16      score = eval(input())
```

 綜合範例 6：

不定數迴圈-BMI 計算

1. 題目說明：

   請開啓 **PYD04.py** 檔案，依下列題意進行作答，使輸出值符合題意要求。請另存新檔為 **PYA04.py**，作答完成請儲存所有檔案至 C:\ANS.CSF 原資料夾內。

2. 設計說明：

   (1) 請撰寫一程式，以不定數迴圈的方式輸入身高與體重，計算出 BMI 之後再根據以下對照表，印出 BMI 及相對應的 BMI 代表意義（State）。假設此不定數迴圈輸入-9999 則會結束此迴圈。

   * 提示：BMI = 體重(kg)/身高^2(m)，輸出浮點數到小數點後第二位。不需考慮男性或女性標準。

   (2) 標準如下表所示：

BMI 值	代表意義
BMI < 18.5	under weight
18.5 <= BMI < 25	normal
25.0 <= BMI < 30	over weight
30 <= BMI	fat

3. 輸入輸出：

   (1) 輸入說明

```
兩個正數（身高 cm、體重 kg），直至-9999 結束輸入
```

   (2) 輸出說明

```
輸出 BMI 值
BMI 值代表意義
```

(3) 輸入與輸出會交雜如下，輸出之項目以粗體字表示

```
176
80
BMI: 25.83
State: over weight
170
100
BMI: 34.60
State: fat
-9999
```

4. 參考程式：

```
1   state = ""
2   height = eval(input())
3   while height != -9999:
4       weight = eval(input())
5       bmi = weight / (height / 100 * height / 100)
6       if weight == -9999:
7           break
8       elif bmi >= 30:
9           state = "fat"
10      elif bmi >= 25 and bmi < 29.9:
11          state = "over weight"
12      elif bmi >= 18.5 and bmi <= 24.9:
13          state = "normal"
14      elif bmi < 18.5:
15          state = "under weight"
16      print("BMI: %.2f" % bmi)
17      print("State: %s" % state)
18
19      height = eval(input())
```

 綜合範例 7：

不定數迴圈-閏年判斷

1. 題目說明：

   請開啟 **PYD04.py** 檔案，依下列題意進行作答，使輸出值符合題意要求。請另存新檔為 **PYA04.py**，作答完成請儲存所有檔案至 C:\ANS.CSF 原資料夾內。

2. 設計說明：

   (1) 請撰寫一程式，以不定數迴圈的方式讓使用者輸入西元年份，然後判斷它是否為閏年（leap year）或平年。其判斷規則為：每四年一閏，每百年不閏，但每四百年也一閏。

   (2) 假設此不定數迴圈輸入-9999 則會結束此迴圈。

3. 輸入輸出：

   (1) 輸入說明

   一個正整數，直至-9999 結束輸入

   (2) 輸出說明

   判斷是否為閏年或平年

   (3) 輸入與輸出會交雜如下，輸出之項目以粗體字表示

```
2017
2017 is not a leap year.
2000
2000 is a leap year.
2016
2016 is a leap year.
2009
2009 is not a leap year.
2018
2018 is not a leap year.
-9999
```

4. 參考程式：

```
1   year = eval(input())
2   while year != -9999:
3       if year % 400 == 0 or \
4          (year % 4 == 0 and year % 100 != 0):
5           print(year, "is a leap year.")
6       else:
7           print(year, "is not a leap year.")
8       year = eval(input())
```

綜合範例 8：

奇偶數個數計算

1. 題目說明：

   請開啟 **PYD04.py** 檔案，依下列題意進行作答，使輸出值符合題意要求。請另存新檔為 **PYA04.py**，作答完成請儲存所有檔案至 C:\ANS.CSF 原資料夾內。

2. 設計說明：

   (1) 請撰寫一程式，讓使用者輸入十個整數，計算並輸出偶數和奇數的個數。

3. 輸入輸出：

   (1) 輸入說明

   十個整數

   (2) 輸出說明

   偶數的個數
   奇數的個數

   (3) 範例輸入

```
69
48
19
91
83
22
18
37
82
40
```

   範例輸出

```
Even numbers: 5
Odd numbers: 5
```

4. 參考程式：

```
1   even = odd = 0
2
3   for i in range(10):
4       a = int(input())
5       if a%2 == 0:
6           even += 1
7       else:
8           odd += 1
9
10  print("Even numbers:", even)
11  print("Odd numbers:", odd)
```

綜合範例 9：

得票數計算

1. 題目說明：

   請開啓 **PYD04.py** 檔案，依下列題意進行作答，使輸出值符合題意要求。請另存新檔為 **PYA04.py**，作答完成請儲存所有檔案至 C:\ANS.CSF 原資料夾內。

2. 設計說明：

   (1) 某次選舉有兩位候選人，分別是 No.1: Nami、No.2: Chopper。請撰寫一程式，輸入五張選票，輸入值如為 1 即表示針對 1 號候選人投票；輸入值如為 2 即表示針對 2 號候選人投票，如輸入其他值則視為廢票。每次投完後需印出目前每位候選人的得票數，最後印出最高票者為當選人；如最終計算有相同的最高票數者或無法選出最高票者，顯示【=> No one won the election.】。

3. 輸入輸出：

   (1) 輸入說明

   五個正整數（1、2 或其他）

   (2) 輸出說明

   每次投完後需印出目前每位候選人的得票數
   五張選票投票完成，最後印出最高票者為當選人

(3) 輸入與輸出會交雜如下，輸出之項目以粗體字表示

```
2
Total votes of No.1: Nami =  0
Total votes of No.2: Chopper =  1
Total null votes =  0
1
Total votes of No.1: Nami =  1
Total votes of No.2: Chopper =  1
Total null votes =  0
8
Total votes of No.1: Nami =  1
Total votes of No.2: Chopper =  1
Total null votes =  1
2
Total votes of No.1: Nami =  1
Total votes of No.2: Chopper =  2
Total null votes =  1
2
Total votes of No.1: Nami =  1
Total votes of No.2: Chopper =  3
Total null votes =  1
=> No.2 Chopper won the election.
```

4. 參考程式：

```
1   vote1 = vote2 = null_vote = 0
2
3   for i in range(5):
4       n = eval(input())
5       if n == 1:
6           vote1 += 1
7       elif n == 2:
8           vote2 += 1
9       else:
10          null_vote += 1
11
12      print("Total votes of No.1: Nami = ", vote1)
13      print("Total votes of No.2: Chopper = ", vote2)
14      print("Total null votes = ", null_vote)
15
16  if vote1 > vote2:
17      print("=> No.1 Nami won the election.")
```

```
18  elif vote1 < vote2:
19      print("=> No.2 Chopper won the election.")
20  else:
21      print("=> No one won the election.")
```

 綜合範例 **10**：

繪製等腰三角形

1. 題目說明：

   請開啓 **PYD04.py** 檔案，依下列題意進行作答，使輸出值符合題意要求。請另存新檔為 **PYA04.py**，作答完成請儲存所有檔案至 C:\ANS.CSF 原資料夾內。

2. 設計說明：

   (1) 請撰寫一程式，依照使用者輸入的 n，畫出對應的等腰三角形。

3. 輸入輸出：

   (1) 輸入說明

   一個正整數

   (2) 輸出說明

   以*畫出等腰三角形（每列最後一個*的右方無空白）

   (3) 範例輸入

   ```
   7
   ```

   範例輸出

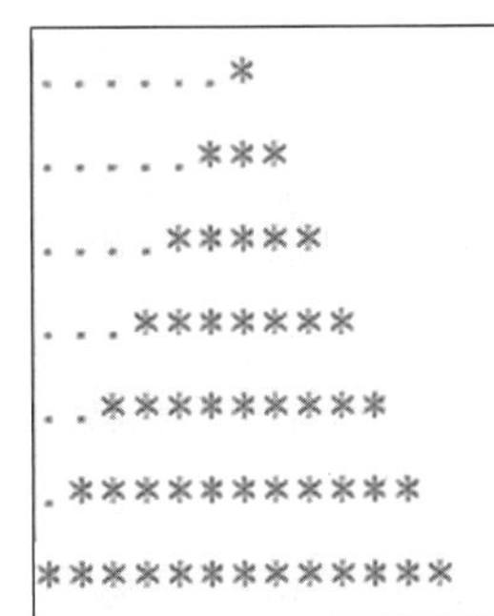

4. 參考程式：

```
1  n = eval(input())
2
3  for i in range(0, n):
4      for j in range(n-i, 1, -1):
5          print(' ', end='')
6      for k in range(0, i * 2 + 1, 1):
7          print('*', end='')
8      print()
```

綜合範例 11：

試撰寫一程式，試輸入二個年份 year1 和 year2（如 year1 <= year2），然後顯示 year1~year2（如 2000~2100）的所有閏年。

＊ 提示：有關閏年的判斷，請參閱綜合範例 7 的說明。在此不再贅述。

1. 輸入輸出：

(1) 範例輸入

```
2000,2100
```

(2) 範例輸出

```
 2000  2004  2008  2012  2016  2020  2024  2028  2032  2036
2040  2044  2048  2052  2056  2060  2064  2068  2072  2076
2080  2084  2088  2092  2096
```

2. 參考程式：

```
1    year1, year2 = eval(input())
2    for i in range(year1, year2+1):
3        if i%400==0 or (i%4==0 and i%100!=0):
4            print('%5d '%(i), end = '')
```

綜合範例 12：

承上題，將輸出每一列印十個。

1. 輸入輸出：

   (1) 範例輸入

```
2000, 2100
```

   (2) 範例輸出

```
 2000  2004  2008  2012  2016  2020  2024  2028  2032  2036
 2040  2044  2048  2052  2056  2060  2064  2068  2072  2076
 2080  2084  2088  2092  2096
```

2. 參考程式：

```
1  count = 0
2  year1, year2 = eval(input())
3  for i in range(year1, year2+1):
4      if i%400==0 or (i%4==0 and i%100!=0):
5          count += 1
6          if count % 10 != 0:
7              print('%5d '%(i), end = '')
8          else:
9              print('%5d'%(i))
```

 綜合範例 13：

試撰寫一程式，輸入三個正整數 a,b 以及 c，然後求出這三個正整數的最大公因數。

1. 輸入輸出 1：

   (1) 範例輸入

```
12
24
8
```

   (2) 範例輸出

```
gcd(12, 24, 8) = 4
```

2. 輸入輸出 2：

   (1) 範例輸入

```
12
18
20
```

   (2) 範例輸出

```
gcd(12, 18, 20) = 2
```

3. 參考程式：

```
1   a = eval(input())
2   b = eval(input())
3   c = eval(input())
4
5   gcd = 1
6   k = 2
7   while k <= a and k <= b and k <= c:
8       if a % k == 0 and b % k == 0 and c % k == 0:
9           gcd = k
10      k += 1
11  print('gcd(%d, %d, %d) = %d'%(a, b, c, gcd))
```

綜合範例 14：

試撰寫一程式，輸入一正整數 a，然後判斷它是否為質數。

1. 輸入輸出 1：

   (1) 範例輸入

   ```
   13
   ```

   (2) 範例輸出

   ```
   13 is a prime number.
   ```

2. 輸入輸出 2：

   (1) 範例輸入

   ```
   12
   ```

   (2) 範例輸出

   ```
   12 is not a prime number.
   ```

3. 參考程式：

```
1   a = eval(input())
2   isPrime = 1
3   divisor = 2
4   while divisor <= a / 2:
5       if a % divisor == 0:
6           isPrime = 0
7           break
8       divisor += 1
9   if isPrime == 1:
10      print('%d is a prime number.'%(a))
11  else:
12      print('%d is not a prime number.'%(a))
```

綜合範例 15：

試撰寫一程式，輸入一正整數 number，然後印出前面 number 個的質數。

1. 輸入輸出 1：

    (1) 範例輸入

    ```
    50
    ```

    (2) 範例輸出

    ```
    The first 50 prime numbers are:
    2 3 5 7 11 13 17 19 23 29 31 37 41 43 47 53 59 61 67 71 73 79
    83 89 97 101 103 107 109 113 127 131 137 139 149 151 157 163
    167 173 179 181 191 193 197 199 211 223 227 229
    ```

2. 輸入輸出 2：

    (1) 範例輸入

    ```
    100
    ```

    (2) 範例輸出

    ```
    The first 100 prime numbers are:
    2 3 5 7 11 13 17 19 23 29 31 37 41 43 47 53 59 61 67 71 73 79
    83 89 97 101 103 107 109 113 127 131 137 139 149 151 157 163
    167 173 179 181 191 193 197 199 211 223 227 229 233 239 241
    251 257 263 269 271 277 281 283 293 307 311 313 317 331 337
    347 349 353 359 367 373 379 383 389 397 401 409 419 421 431
    433 439 443 449 457 461 463 467 479 487 491 499 503 509 521
    523 541
    ```

3. 參考程式：

```
1   number = eval(input())
2   a = 2
3   count = 0
4
5   print('The first %d prime numbers are: '%(number))
6   while count < number:
7       isPrime = 1
8       divisor = 2
9       while divisor <= a / 2:
10          if a % divisor == 0:
11              isPrime = 0
12              break
13          divisor += 1
14      if isPrime == 1:
15          count += 1
16          print(a, end = ' ')
17      a += 1
```

Chapter 4 習題

1. 試撰寫一程式，指示使用者輸入一個數值，然後求出此數不是 1 的最小因數。

 * 輸入與輸出樣本 1：

 輸入：

```
Enter a number: 15
```

 輸出：

```
The smallest factor is 3
```

 * 輸入與輸出樣本 2：

 輸入：

```
Enter a number: 20
```

 輸出：

```
The smallest factor is 2
```

 * 輸入與輸出樣本 3：

 輸入：

```
Enter a number: 7
```

 輸出：

```
The smallest factor is 7
```

2. 試撰寫一程式，指示使用者輸入兩個正整數，然後求出此數最大公因數。

   * 輸入與輸出樣本 1：

     輸入：

     ```
     Enter a number1: 8
     Enter a number2: 12
     ```

     輸出：

     ```
     The greatest common factor is 4
     ```

   * 輸入與輸出樣本 2：

     輸入：

     ```
     Enter a number1: 12
     Enter a number2: 6
     ```

     輸出：

     ```
     The greatest common factor is 6
     ```

   * 輸入與輸出樣本 3：

     輸入：

     ```
     Enter a number1: 13
     Enter a number2: 5
     ```

     輸出：

     ```
     The greatest common factor is 1
     ```

3. 試撰寫一程式，使用者輸入一起始與終止區間的兩個正整數，其中起始數<=終止數，然後顯示出這一區間的所有質數，起始值不為 1。

   * 輸入與輸出樣本：

     輸入：

     ```
     2
     100
     ```

     輸出：

     ```
     2 3 5 7 11 13 17 19 23 29 31 37 41 43 47 53 59 61 67 71
     73 79 83 89 97
     ```

4. 今有一選舉，其候選人有三位，共有十個投票者。試撰寫 程式，先顯示候選人的選單讓投票人選擇，假設你代替了這十個投票者。最後顯示每位候選人的票數。注意，可能會有廢票。

＊ 輸入與輸出樣本：

```
1: Peter
2: Nancy
3: Mary
Which one do you prefer: 1

1: Peter
2: Nancy
3: Mary
Which one do you prefer: 1

1: Peter
2: Nancy
3: Mary
Which one do you prefer: 1

1: Peter
2: Nancy
3: Mary
Which one do you prefer: 1

1: Peter
2: Nancy
3: Mary
Which one do you prefer: 1

1: Peter
2: Nancy
3: Mary
Which one do you prefer: 2

1: Peter
2: Nancy
3: Mary
```

```
Which one do you prefer: 2

1: Peter
2: Nancy
3: Mary
Which one do you prefer: 2

1: Peter
2: Nancy
3: Mary
Which one do you prefer: 3

1: Peter
2: Nancy
3: Mary
Which one do you prefer: 3

Peter: 5, Nancy: 3, Mary: 2
Invalid: 0
```

5. 承上題，可否將上題在每一次投票後立即顯示每位候選人的票數。

＊ 輸入與輸出樣本：

```
1: Peter
2: Nancy
3: Mary
Which one do you prefer: 1
Peter: 1, Nancy: 0, Mary: 0

1: Peter
2: Nancy
3: Mary
Which one do you prefer: 1
Peter: 2, Nancy: 0, Mary: 0

1: Peter
2: Nancy
3: Mary
Which one do you prefer: 1
Peter: 3, Nancy: 0, Mary: 0

1: Peter
2: Nancy
3: Mary
Which one do you prefer: 2
Peter: 3, Nancy: 1, Mary: 0

1: Peter
2: Nancy
3: Mary
Which one do you prefer: 1
Peter: 4, Nancy: 1, Mary: 0

1: Peter
2: Nancy
3: Mary
Which one do you prefer: 2
Peter: 4, Nancy: 2, Mary: 0

1: Peter
```

```
2: Nancy
3: Mary
Which one do you prefer: 5
Peter: 4, Nancy: 2, Mary: 0

1: Peter
2: Nancy
3: Mary
Which one do you prefer: 3
Peter: 4, Nancy: 2, Mary: 1

1: Peter
2: Nancy
3: Mary
Which one do you prefer: 2
Peter: 4, Nancy: 3, Mary: 1

1: Peter
2: Nancy
3: Mary
Which one do you prefer: 1
Peter: 5, Nancy: 3, Mary: 1

Peter: 5, Nancy: 3, Mary: 1
Invalid: 1
```

Chapter 5

函式

函式

函式（function）可以視為是一解決某一問題的片段程式，函式它可以被重複使用，同時也易於維護，因此可以節省開發與維護成本。

我們以一印出多個星號的程式來說明：

▶▶ 範例程式：

```
1  for i in range(1, 21):
2      print('*', end = '')
3  print()
4
5  for i in range(1, 31):
6      print('*', end = '')
7  print()
8
9  for i in range(1, 51):
10     print('*', end = '')
11 print()
```

▶▶ 輸出結果：

```
********************
******************************
**************************************************
```

上述的程式分別印出 20、30，以及 50 個星號（*）。由此可看出，每次印多少星號皆要重新一次，這不是很沒效率嗎？因為我們發現程式所做的事情是一樣的，只是給予的星星數目不同而已，所以可將它以函式的方式來共享之。

5-1 函式的定義

首先要有函式的定義，它是解決某一問題的片段程式。再來是呼叫函式。函式的定義首先以 def 開頭，接著函式名稱和小括號及其參數，最後是冒號。我們將上述的程式，改以函式方式來表示，其對應的程式如下所示：

範例程式：

```
1  def printStar(n):
2      for i in range(1, n+1):
3          print('*', end = '')
4      print()
5
6  def main():
7      printStar(20)
8      printStar(30)
9      printStar(50)
10
11 main()
```

輸出結果：

```
********************
******************************
**************************************************
```

此程式定義了一個 printStar() 函式，並帶有一個形式參數（formal argument）n。同時也定義了另一個函式 main()，在此函式中呼叫 printStar(20)，其中的 20 表示實際參數（actual argument）。最後記得要呼叫 main() 才能啟動 main() 函式的運作，請參閱第 11 行。

5-2 沒有參數也沒有回傳值

最陽春的函式定義，沒有形式參數，如要計算由 1 到 100 的總和，其對應的程式如下：

範例程式：

```
1   def total():
2       sum = 0
3       for i in range(1, 101):
4           sum += i
5       print('summation of 1 to 100:', sum)
6
7   def main():
8       total()
9
10  main()
```

輸出結果：

```
summation of 1 to 100: 5050
```

程式中定義了 total() 函式，此函式的任務從 1 加到 100，順便印出其總和。

5-3 函式回傳值

執行完函式也可以有回傳值，若將上一範例程式改以回傳值的方式表示的話，如下所示：

範例程式：

```
1  def total():
2      sum = 0
3      for i in range(1, 101):
4          sum += i
5      return sum
6
7  def main():
8      t = total()
9      print('summation of 1 to 100:', t)
10
11 main()
```

輸出結果：

```
summation of 1 to 100: 5050
```

此程式和上一程式唯一不同的是，多了一個 return 敘述。然後在呼叫函式 main() 中以一變數 t 接收此值，再利用 print 印出。

5-4 帶有參數和回傳值

函式的定義也可以接收參數和回傳值。如我們要計算由使用者輸入兩個數值區間的總和。如以下程式所示：

範例程式：

```
1  def total(a, b):
2      sum = 0
3      for i in range(a, b+1):
4          sum += i
5      return sum
6
7  def main():
8      x = eval(input('Enter start number: '))
9      y = eval(input('Enter end number: '))
10     t = total(x, y)
11     print('summation of %d to %d: %d'%(x, y, t))
12
13 main()
```

輸出結果：

(一)

```
Enter start number: 2
Enter end number: 100
summation of 2 to 100: 5049
```

(二)

```
Enter start number: 1
Enter end number: 101
summation of 1 to 101: 5151
```

上述程式若輸入兩個數值 2 和 100，表示計算 2 到 100 的總和。若輸入是 1 和 101，表示計算 1 到 101 的總和。程式中的 total 函式接收了兩個形式參數 a 和 b，最後以 return 回傳 sum 給 main() 函式的 t。

5-5 回傳多個值

一般而言，如 C、C++、Java 等等程式語言，基本上，函式只能回傳一個值。但在 Python 提供可從函式回傳多個值。若要將某一函式所計算的總和與平均數回傳，其程式如下所示：

範例程式：

```
1  def sumAndAverage(n1, n2):
2      total = 0
3      average = 0.0
4      for i in range(n1, n2+1):
5          total += i
6      average = total/(n2-n1+1)
7      return total, average
8
9  def main():
10     s, a = sumAndAverage(1, 100)
11     print('sum = %d, average = %2f'%(s, a))
12
13 main()
```

輸出結果：

```
sum = 5050, average = 50.50
```

此程式在 main() 函式中，呼叫 sumAndAverage() 函式，此時傳送了 1 和 100 當做參數給 sumAndAverage() 函式的形式參數 n1 與 n2。最後，回傳 total 與 average 給 main() 函式的 s 和 a。

上一程式可以改為更加的友善性，計算的區間若不是固定在 1 到 100，而是由使用者來決定。如下範例程式所示：

範例程式：

```
1  def sumAndAverage(n1, n2):
2      total = 0
3      average = 0.0
4      for i in range(n1, n2+1):
5          total += i
6      average = total/(n2-n1+1)
7      return total, average
8
9  def main():
10     x, y = eval(input('Enter start and end number: '))
11     s, a = sumAndAverage(x, y)
12     print('sum = %d, average = %d'%(s, a))
13
14 main()
```

輸出結果：

(一)

```
Enter start and end number: 1, 100
sum = 5050, average = 50
```

(二)

```
Enter start and end number: 2, 100
sum = 5049, average = 51
```

如此，要計算的區間由你來做主，有沒有感覺較有 fu 呢？

在呼叫函式時，有時應給兩個參數值，但你卻只給一個，此時該怎麼辦？這可以使用預設的參數值來處理之。如下節所示。

5-6 函式預設參數值

我們以上一範例程式來說明，若呼叫 sumAndAverage() 函式時，你只給 n1 的形式參數值，而漏掉了 n2，此時補救的方式就是在 sumAndAverage() 函式中定義 n2 為預設的參數值，亦即當沒有指定 n2 參數值時，就使用此預設值，如下所示：

範例程式：

```
1  def sumAndAverage(n1, n2=100):
2      total = 0
3      average = 0.0
4      for i in range(n1, n2+1):
5          total += i
6      average = total/(n2-n1+1)
7      return total, average
8
9  def main():
10     s, a = sumAndAverage(1)
11     print('sum = %d, average = %d'%(s, a))
12     s, a = sumAndAverage(1, 10)
13     print('sum = %d, average = %d'%(s, a))
14
15 main()
```

輸出結果：

```
sum = 5050, average = 50
sum = 55, average = 5
```

此程式中，當呼叫

sumAndAverage(1)

由於呼叫此函式本應該有兩個實際參數，但此函式只有一個實際參數，其表示將實際參數 1 傳給形式參數 n1，而形式參數 n2 將以 100 表示之。若有給兩個實際參數值的話，則不會使用預設參數值。但要注意的是，預設參數值不可以置於沒有預設參數的前面，如

def sumAndAverage(n1=100, n2):

是錯誤的寫法。

若在呼叫函式時，都沒有給予實際參數值呢？該如何處理，其實很簡單只要把所有的形式參數都設為預設參數值就可以了。如下範例所示：

▶▶ 範例程式：

```
1  def sumAndAverage(n1=1, n2=100):
2      total = 0
3      average = 0.0
4      for i in range(n1, n2+1):
5          total += i
6      average = total/(n2-n1+1)
7      return total, average
8
9  def main():
10     s, a = sumAndAverage()
11     print('sum = %d, average = %d'%(s, a))
12     s, a = sumAndAverage(2)
13     print('sum = %d, average = %d'%(s, a))
14     s, a = sumAndAverage(1, 10)
15     print('sum = %d, average = %d'%(s, a))
16
17 main()
```

▶▶ 輸出結果：

```
sum = 5050, average = 50
sum = 5049, average = 51
sum = 55, average = 5
```

綜合範例

綜合範例 1：

訊息顯示

1. 題目說明：

   請開啟 **PYD05.py** 檔案，依下列題意進行作答，依使用者輸入之訊息進行顯示，使輸出值符合題意要求。請另存新檔為 **PYA05.py**，作答完成請儲存所有檔案至 C:\ANS.CSF 原資料夾內。

2. 設計說明：

   (1) 請撰寫一程式，呼叫函式 compute()，該函式功能為讓使用者輸入系別（Department）、學號（Student ID）和姓名（Name）並顯示這些訊息。

3. 輸入輸出：

   (1) 輸入說明

   ```
   三個字串
   ```

   (2) 輸出說明

   ```
   系別（Department）
   學號（Student ID）
   姓名（Name）
   ```

   (3) 範例輸入

   ```
   Information·Management
   123456789
   Tina·Chen
   ```

   範例輸出

   ```
   Department:·Information·Management
   Student·ID:·123456789
   Name:·Tina·Chen
   ```

4. 參考程式：

```
1   def compute():
2       stu_dept = input()
3       stu_id = input()
4       stu_name = input()
5
6       print("Department:", stu_dept)
7       print("Student ID:", stu_id)
8       print("Name:", stu_name)
9
10  compute()
```

 綜合範例 2：

乘積

1. 題目說明：

   請開啟 **PYD05.py** 檔案，依下列題意進行作答，依使用者輸入的數字作為參數傳遞並計算乘積，使輸出值符合題意要求。請另存新檔為 **PYA05.py**，作答完成請儲存所有檔案至 C:\ANS.CSF 原資料夾內。

2. 設計說明：

   (1) 請撰寫一程式，將使用者輸入的兩個數字作為參數傳遞給一個名為 compute(x, y)的函式，此函式將回傳 x 和 y 的乘積。

3. 輸入輸出：

   (1) 輸入說明

   兩個數值

   (2) 輸出說明

   兩個數值相乘之乘積

   (3) 範例輸入

   ```
   56
   11
   ```

   範例輸出

   ```
   616
   ```

4. 參考程式：

```
1  def compute(a, b):
2      return a * b
3
4  num1 = eval(input())
5  num2 = eval(input())
6
7  print(compute(num1, num2))
```

 綜合範例 3：

連加計算

1. 題目說明：

   請開啟 **PYD05.py** 檔案，依下列題意進行作答，依使用者輸入的整數作為參數傳遞進行連加，使輸出值符合題意要求。請另存新檔為 **PYA05.py**，作答完成請儲存所有檔案至 C:\ANS.CSF 原資料夾內。

2. 設計說明：

   (1) 請撰寫一程式，讓使用者輸入兩個整數，接著呼叫函式 compute()，此函式接收兩個參數 a、b，並回傳從 a 連加到 b 的和。

3. 輸入輸出：

   (1) 輸入說明

   兩個整數

   (2) 輸出說明

   從 a 連加到 b 的和

   (3) 範例輸入

   ```
   33
   66
   ```

   範例輸出

   ```
   1683
   ```

4. 參考程式：

```
1   def compute(a, b):
2       return int((a+b)*(b-a+1)/2)
3
4   a = eval(input())
5   b = eval(input())
6
7   print(compute(a, b))
```

 綜合範例 4：

次方計算

1. 題目說明：

   請開啓 **PYD05.py** 檔案，依下列題意進行作答，依使用者輸入的整數作為參數傳遞進行公式計算，使輸出值符合題意要求。請另存新檔為 **PYA05.py**，作答完成請儲存所有檔案至 C:\ANS.CSF 原資料夾內。

2. 設計說明：

   (1) 請撰寫一程式，讓使用者輸入兩個整數，接著呼叫函式 compute()，此函式接收兩個參數 a、b，並回傳 a^b 的值。

3. 輸入輸出：

   (1) 輸入說明

   兩個整數

   (2) 輸出說明

   a^b 的值

   (3) 範例輸入

   ```
   14
   3
   ```

   範例輸出

   ```
   2744
   ```

4. 參考程式：

```
1  def compute(a, b):
2      return a**b
3
4  a = eval(input())
5  b = eval(input())
6
7  print(compute(a, b))
```

 綜合範例 5：

依參數格式化輸出

1. 題目說明：

   請開啓 **PYD05.py** 檔案，依下列題意進行作答，依使用者輸入的參數進行格式化輸出，使輸出值符合題意要求。請另存新檔為 **PYA05.py**，作答完成請儲存所有檔案至 C:\ANS.CSF 原資料夾內。

2. 設計說明：

   (1) 請撰寫一程式，將使用者輸入的三個參數，變數名稱分別為 a（代表字元 character）、x（代表個數）、y（代表列數），作為參數傳遞給一個名為 compute()的函式，該函式功能為：一列印出 x 個 a 字元，總共印出 y 列。

   ＊ 提示：輸出的每一個字元後方有一空格。

3. 輸入輸出：

   (1) 輸入說明

   三個參數，分別為 a（代表字元 character）、x（代表個數）、y（代表列數）

   (2) 輸出說明

   一列印出 x 個 a 字元，總共印出 y 列

   (3) 範例輸入

```
e
5
4
```

   範例輸出

```
e e e e e 
e e e e e 
e e e e e 
e e e e e 
```

4. 參考程式：

```
1   def compute(a, x, y):
2       for i in range(y):
3           for j in range(x):
4               print(a, end=' ')
5           print()
6
7   a = input()
8   x = int(input())
9   y = int(input())
10  compute(a, x, y)
```

綜合範例 6：

一元二次方程式

1. 題目說明：

   請開啓 **PYD05.py** 檔案，依下列題意進行作答，依使用者輸入的數字作為參數傳遞進行公式計算，使輸出值符合題意要求。請另存新檔為 **PYA05.py**，作答完成請儲存所有檔案至 C:\ANS.CSF 原資料夾內。

2. 設計說明：

   (1) 請撰寫一程式，將使用者輸入的三個數字（代表一元二次方程式 $ax^2 + bx + c = 0$ 的三個係數 a、b、c）作為參數傳遞給一個名為 compute()的函式，該函式回傳方程式的解，如無解則輸出【Your equation has no root.】。

   ＊ 提示：輸出有順序性。

   ＊ 提示：回傳方程式的解，無須考慮小數點位數。

3. 輸入輸出：

   (1) 輸入說明

   三個數字，分別為 a、b、c

   (2) 輸出說明

   代入一元二次方程式，回傳方程式解：如無解則輸出【Your equation has no root.】

   (3) 範例輸入

```
2
-3
1
```

   範例輸出

```
1.0, 0.5
```

   (4) 範例輸入

```
9
9
8
```

範例輸出

```
Your·equation·has·no·root.
```

(5) 範例輸入

```
1
2
1
```

範例輸出

```
-1.0
```

4. 參考程式：

```
1   def compute(a, b, c):
2       delta = b**2 - 4 * a * c
3   
4       if delta < 0:
5           return None
6       elif delta == 0:
7           return -b / (2 * a)
8       else:
9           res1 = (-b + delta**0.5) / (2 * a)
10          res2 = (-b - delta**0.5) / (2 * a)
11          return str(res1) + ", " + str(res2)
12  
13  
14  a = eval(input())
15  b = eval(input())
16  c = eval(input())
17  result = compute(a, b, c)
18  if result == None:
19      print("Your equation has no root.")
20  else:
21      print(result)
```

綜合範例 7：

質數

1. 題目說明：

   請開啓 **PYD05.py** 檔案，依下列題意進行作答，判斷輸入值是否為質數，使輸出值符合題意要求。請另存新檔為 **PYA05.py**，作答完成請儲存所有檔案至 C:\ANS.CSF 原資料夾內。

2. 設計說明：

   (1) 請撰寫一程式，讓使用者輸入一個整數 x，並將 x 傳遞給名為 compute()的函式，此函式將回傳 x 是否為質數（Prime number）的布林值，接著再將判斷結果輸出。如輸入值為質數顯示【Prime】，否則顯示【Not Prime】。

3. 輸入輸出：

   (1) 輸入說明

   一個整數

   (2) 輸出說明

   判斷是否為質數，若為質數顯示【Prime】，否則顯示【Not Prime】

   (3) 範例輸入

   ```
   3
   ```

   範例輸出

   ```
   Prime
   ```

   (4) 範例輸入

   ```
   6
   ```

   範例輸出

   ```
   Not Prime
   ```

   (5) 範例輸入

   ```
   1
   ```

   範例輸出

   ```
   Not Prime
   ```

(6) 範例輸入

```
0
```

範例輸出

```
Not Prime
```

(7) 範例輸入

```
-5
```

範例輸出

```
Not Prime
```

4. 參考程式：

```
1   import math
2
3
4   def compute(num):
5       s_num = math.floor(num ** 0.5)
6       for i in range(2, (s_num + 1)):
7           if (num % i) == 0:
8               return False
9       return True
10
11  x = int(input())
12
13  if x > 1:
14      if compute(x):
15          print('Prime')
16      else:
17          print('Not Prime')
18  else:
19      print('Not Prime')
```

 綜合範例 8：

最大公因數

1. 題目說明：

   請開啟 **PYD05.py** 檔案，依下列題意進行作答，計算兩個正整數的最大公因數，使輸出值符合題意要求。請另存新檔為 **PYA05.py**，作答完成請儲存所有檔案至 C:\ANS.CSF 原資料夾內。

2. 設計說明：

   (1) 請撰寫一程式，讓使用者輸入兩個正整數 x、y，並將 x 與 y 傳遞給名為 compute() 的函式，此函式回傳 x 和 y 的最大公因數。

3. 輸入輸出：

   (1) 輸入說明

   ```
   兩個正整數（以半形逗號分隔）
   x,y
   ```

   (2) 輸出說明

   ```
   最大公因數
   ```

   (3) 範例輸入

   ```
   12,8
   ```

   範例輸出

   ```
   4
   ```

   (4) 範例輸入

   ```
   4,6
   ```

   範例輸出

   ```
   2
   ```

4. 參考程式：

```
1   def compute(a, b):
2       gcd = 1
3       k = 1
4       if a > 0 and b > 0:
5           while k <= a and k <= b:
6               if a % k == 0 and b % k == 0:
7                   gcd = k
8               k += 1
9           return gcd
10
11  x, y = eval(input())
12  gcd = compute(x, y)
13  print(gcd)
```

 綜合範例 9：

最簡分數

1. 題目說明：

   請開啓 **PYD05.py** 檔案，依下列題意進行作答，加總兩個分數總和，並簡化為最簡分數，使輸出值符合題意要求。請另存新檔為 **PYA05.py**，作答完成請儲存所有檔案至 C:\ANS.CSF 原資料夾內。

2. 設計說明：

   (1) 請撰寫一程式，讓使用者輸入二個分數，分別是 x/y 和 m/n(其中 x,y,m,n 皆為正整數)，計算這兩個分數的和為 p/q，接著將 p 與 q 傳遞給名為 compute() 函式，此函式回傳 p 和 q 的最大公因數（Greatest Common Divisor, GCD）。再將 p 和 q 各除以其最大公因數，最後輸出的結果就是以最簡分數表示。

3. 輸入輸出：

   (1) 輸入說明

   ```
   四個正整數（以半形逗號分隔）
   x,y
   m,n
   ```

   (2) 輸出說明

   ```
   兩個分數和的最簡分數
   ```

   (3) 範例輸入

   ```
   1,2
   1,6
   ```

   範例輸出

   ```
   1/2·+·1/6·=·2/3
   ```

(4) 範例輸入

```
12,16
18,32
```

範例輸出

```
12/16·+·18/32·=·21/16
```

4. 參考程式：

```
1   def compute(a, b):
2       gcd = 1
3       k = 1
4       if a > 0 and b > 0:
5           while k <= a and k <= b:
6               if a % k == 0 and b % k == 0:
7                   gcd = k
8               k += 1
9           return gcd
10
11  x, y = eval(input())
12  m, n = eval(input())
13
14  p = x*n + m*y
15  q = y*n
16  gcd = compute(p, q)
17  print('%d/%d + %d/%d = %d/%d' % (x, y, m, n, p/gcd, q/gcd))
```

 綜合範例 10：

費氏數列

1. 題目說明：

   請開啓 **PYD05.py** 檔案，依下列題意進行作答，計算費氏數列，並依輸入的正整數回傳費氏數列前 n 個數值，使輸出值符合題意要求。請另存新檔為 **PYA05.py**，作答完成請儲存所有檔案至 C:\ANS.CSF 原資料夾內。

2. 設計說明：

   (1) 請撰寫一程式，計算費氏數列（Fibonacci numbers），使用者輸入一正整數 num（num>=2），並將它傳遞給名為 compute() 的函式，此函式將輸出費氏數列前 num 個的數值。

   * 提示：費氏數列的某一項數字是其前兩項的和，而且第 0 項為 0，第一項為 1，表示方式如下：

   $F_0 = 0$

   $F_1 = 1$

   $F_n = F_{n-1} + F_{n-2}$

3. 輸入輸出：

   (1) 輸入說明

   一個正整數 num（num>=2）

   (2) 輸出說明

   依輸入值 num，印出費氏數列前 num 個的數值（每個數值後方為一個半形空格）

   (3) 範例輸入

```
10
```

   範例輸出

```
0·1·1·2·3·5·8·13·21·34·
```

(4) 範例輸入

```
20
```

範例輸出

```
0 1 1 2 3 5 8 13 21 34 55 89 144 233 377 610 987 1597 2584 4181 
```

4. 參考程式：

```
1   def compute(n):
2       n1 = 0
3       n2 = 1
4       print('%d %d' % (n1, n2), end=' ')
5       for i in range(3, n+1):
6           n3 = n1 + n2
7           print('%d' % (n3), end=' ')
8           n1 = n2
9           n2 = n3
10
11  num = eval(input())
12  compute(num)
```

 綜合範例 11：

試撰寫一程式，在 main() 函式輸入一整數 n，將此整數傳給 randNum() 函式，用以顯示 n 個介於 1 到 100 的亂數。若 n 大於 10，則每一列印出十個亂數。

1. 輸入輸出 1：

   (1) 範例輸入

```
30
```

   (2) 範例輸出

```
  40  15  97  83  50   2  58   2  69  19
  24  57  61  44 100  17  62  20  62  26
   1  76  61  26  66  49  83  21  27  79
```

2. 輸入輸出 2：

   (1) 範例輸入

```
100
```

   (2) 範例輸出

```
  86  29  66  57  25  24   5  36  56  19
   9  21  43   7  32  85  77  28  29  86
  73  20  73  92  20  73  70  61  47  72
  89  65  12  34  47  22  24  82  57  93
  51  21  70  31  71  71  54  20  87  38
  28  91  95  70  27  38  99  92  54  72
  82  15  52  55   4  85  39  53  44  77
  91  64  44  99  91  54  43  32  82  72
  44  13  49   2  83  34  37  58  50  51
   2  76  13  89  34  27  93  57  72  40
```

3. 參考程式：

```
1   import random
2   def randNum(num):
3       for i in range(1, num+1):
4           rn = random.randint(1, 100)
5           if i % 10 == 0:
6               print('%4d'%(rn))
7           else:
8               print('%4d'%(rn), end = '')
9
10  def main():
11      n = eval(input())
12      randNum(n)
13
14  main()
```

 綜合範例 12：

試撰寫一程式，在 main() 函式輸入一年份 year，將此整數傳給 isLeap() 函式，用以顯示 year 是否為閏年。

1. 輸入輸出 1：

   (1) 範例輸入

   ```
   2018
   ```

   (2) 範例輸出

   ```
   2018 is not a leap year.
   ```

2. 輸入輸出 2：

   (1) 範例輸入

   ```
   2020
   ```

   (2) 範例輸出

   ```
   2020 is a leap year.
   ```

3. 參考程式：

```
1   def isLeap(y):
2       if y % 400 == 0 or (y % 4 == 0 and y % 100 != 0):
3           print('%d is a leap year.'%(y))
4       else:
5            print('%d is not a leap year.'%(y))
6
7   def main():
8       year = eval(input())
9       isLeap(year)
10
11  main()
```

綜合範例 13：

試撰寫一程式，在 main() 函式利用不定數迴圈輸入一年份 year，將此整數傳給 isLeap() 函式，用以顯示 year 是否為閏年。當輸入的年份是 -9999 時，則結束輸入的動作。

1. 輸入輸出 1：

   (1) 輸入與輸出會交雜如下，輸出之項目以粗體字表示

```
2018
2018 is not a leap year.
2020
2020 is a leap year.
2030
2030 is not a leap year.
2040
2040 is a leap year.
-9999
```

2. 參考程式：

```
1   def isLeap(y):
2       if y % 400 == 0 or (y % 4 == 0 and y % 100 != 0):
3           print('%d is a leap year.'%(y))
4       else:
5            print('%d is not a leap year.'%(y))
6   
7   def main():
8       while True:
9           year = eval(input())
10          if year != -9999:
11              isLeap(year)
12          else:
13              break
14  main()
```

 綜合範例 14：

試撰寫一程式，在 main() 函式輸入一正整數 n，將此整數傳給 factor() 函式，用以顯示 1~n 的階層。

1. 輸入輸出 1：

   (1) 範例輸入

   ```
   20
   ```

   (2) 範例輸出

   ```
    1! = 1
    2! = 2
    3! = 6
    4! = 24
    5! = 120
    6! = 720
    7! = 5040
    8! = 40320
    9! = 362880
   10! = 3628800
   11! = 39916800
   12! = 479001600
   13! = 6227020800
   14! = 87178291200
   15! = 1307674368000
   16! = 20922789888000
   17! = 355687428096000
   18! = 6402373705728000
   19! = 121645100408832000
   20! = 2432902008176640000
   ```

2. 參考程式：

```
1   def factor(k):
2       for i in range(1, k+1):
3           factor = 1
4           print('%2d! = '%(i), end = '')
5           for j in range(1, i+1):
6               factor *= j
7           print(factor)
8
9   def main():
10      n = eval(input())
11      factor(n)
12
13  main()
```

綜合範例 15：

試撰寫一程式，在 main() 函式輸入 n，表示有幾個邊，再輸入 g，表示邊長，將這兩個整數傳給 nEdge() 函式，用以計算 n 邊形面積。最後將其顯示之。

＊ 提示：n 邊形的面積計算公式如下：

$$area = \frac{n * g^2}{4 * \tan(\pi/n)}$$

1. 輸入輸出：

(1) 範例輸入

```
5
6.5
```

(2) 範例輸出

```
area = 72.69
```

2. 參考程式：

```
1    import math
2    def nEdge(n, g):
3        area = (n * g**2) / (4 * math.tan(math.pi/n))
4        print('area = %.2f'%(area))
5
6    def main():
7        n = eval(input())
8        g = eval(input())
9        nEdge(n, g)
10
11   main()
```

Chapter 5 習題

1. 試撰寫一程式，以一 multiply99() 函式顯示九九乘法表，以一函式 printStar() 印出 72 個 * 。

   * 輸入與輸出樣本：

   輸入：

   ```
   無
   ```

   輸出：

   ```
   ************************************************************************
   1*1= 1  2*1= 2  3*1= 3  4*1= 4  5*1= 5  6*1= 6  7*1= 7  8*1= 8  9*1= 9
   1*2= 2  2*2= 4  3*2= 6  4*2= 8  5*2=10  6*2=12  7*2=14  8*2=16  9*2=18
   1*3= 3  2*3= 6  3*3= 9  4*3=12  5*3=15  6*3=18  7*3=21  8*3=24  9*3=27
   1*4= 4  2*4= 8  3*4=12  4*4=16  5*4=20  6*4=24  7*4=28  8*4=32  9*4=36
   1*5= 5  2*5=10  3*5=15  4*5=20  5*5=25  6*5=30  7*5=35  8*5=40  9*5=45
   1*6= 6  2*6=12  3*6=18  4*6=24  5*6=30  6*6=36  7*6=42  8*6=48  9*6=54
   1*7= 7  2*7=14  3*7=21  4*7=28  5*7=35  6*7=42  7*7=49  8*7=56  9*7=63
   1*8= 8  2*8=16  3*8=24  4*8=32  5*8=40  6*8=48  7*8=56  8*8=64  9*8=72
   1*9= 9  2*9=18  3*9=27  4*9=36  5*9=45  6*9=54  7*9=63  8*9=72  9*9=81
   ************************************************************************
   ```

2. 試撰寫一程式，在 main()函式中輸入一學生的分數，將此分數傳給一計算 gpa 的函式，最後顯示此分數的 gpa 為何。有關 GPA 的計算如下表所示：

轉義字元	功能說明
90 ~ 100	A
80 ~ 89	B
70 ~ 79	C
60 ~ 69	D
< = 59	E

   * 輸入與輸出樣本 1：

   輸入：

   ```
   98
   ```

   輸出：

   ```
   Your gpa is A
   ```

＊ 輸入與輸出樣本 2：

輸入：

```
77
```

輸出：

```
Your gpa is C
```

3. 試撰寫一程式，在 main() 函式中輸入一身高和體重，將此身高和體重傳給一計算 BMI 的函式，最後顯示此身高和體重的 BMI 為何。有關 BMI 的計算如下表所示：

BMI 值	代表意義
BMI < 18.5	under weight
18.5 <= BMI < 25	normal
25.0 <= BMI < 30	over weight
30 <= BMI	fat

＊ 輸入與輸出樣本 1：

輸入：

```
184
69
```

輸出：

```
Your bmi is Normal
```

＊ 輸入與輸出樣本 2：

輸入：

```
  175
88
```

輸出：

```
Your bmi is Over weight
```

4. 試撰寫一程式，在 main() 函式中呼叫 totalAndmean() 函式，輸入十筆資料計算總和與平均數，最後將總和與平均數回傳給 main() 加以印出。

   ＊ 輸入與輸出樣本：

   輸入：

```
1
2
3
4
5
6
7
8
9
10
```

   輸出：

```
sum = 55.00, mean = 5.50
```

5. 試撰寫一程式，在 main() 函式中輸入兩個點座標 x 與 y（x 和 y 皆為整數），將這兩座標傳給一計算此兩點之間距離的 distance 函式，並加以顯示這兩個點座標及其距離。

   ＊ 輸入與輸出樣本：

   輸入：

```
1, 1
5, 8
```

   輸出：

```
The distance of ((1, 1), (5, 8)) = 8.06
```

筆記頁

Chapter 6

串列

串列

串列（list）可以當做是儲存資料的容器，這有利於資料的存取。串列在其它程式語言如 C、C++、Java 則稱為陣列（array）。Python 的串列可以存放不同型態的資料，這點是和 C、C++、Java 陣列不相同，其餘性質都差不多。

串列可分為一維串列（one dimension list）、二維串列（two dimension list）以及多維串列（multiple dimension list）。三維串列或以上皆可視為多維串列。一維串列可視為多個項目所組成，二維串列可以視為是由多個一維串列所組成的，而三維串列是由多個二維串列所組成的。我們就先從簡單的一維串列談起。

6-1 一維串列的運作

有關串列的運作，我們在 IDLE 的模式下，以立即的方式向大家介紹，然後再談其運用。

```
>>> lst1 = []       #建立一空串列
>>> lst2 = [1, 2, 3, 4, 5]
>>> lst3 = ['apple', 'orange', 'banana']
>>> lst4 = [1, 2, 34.56, 'pineapple']
```

6-1-1 [ ] 與 [start:end]

利用 [ ] 再加索引可存取其對應的項目，而 [start:end] 只要從索引 start 起到 end-1 為止的串列項目。注意，索引 0 是串列的第一個項目，索引 1 是串列的第二個項目，以此類推。請參閱以下說明。

```
>>> lst2
[1, 2, 3, 4, 5]
>>> lst2[0]       #印出索引0的串列項目
1
>>> lst2[3]       #印出索引3的串列項目
4
>>> lst2[1:3]     #印出索引1到2的串列項目
[2, 3]
>>> lst2[0:5]     #印出索引0到4的串列項目
[1,  2, 3, 4, 5]
>>>
```

6-1-2 len

利用 len 計算串列的長度。

```
>>>len(lst2)
>>> 5
>>>
```

6-1-3 append 與 insert 方法

利用 append(value) 方法將 value 加入串列尾端，利用 insert(index, value) 方法將 value 加入於串列的索引為 index 處。請參閱以下敘述。

```
>>> lst1.append(1)
>>> lst1
[1]
>>> lst1.append(2)
>>> lst1
[1, 2]
>>> lst1.insert(1, 4)
>>> lst1
[1, 4, 2]
```

上述的 insert(1, 4)表示將數值 4 加在串列索引為 1 的地方。

6-1-4 pop 與 remove 方法

利用 pop() 刪除串列的最後一個項目，pop(index) 表示刪除串列索引為 index 的項目。利用 remove(value) 刪除串列中值為 value 的項目，若有多個 value 項目，則只刪除第一個出現的項目。請參閱以下敘述。

```
>>> lst2
[1, 2, 3, 4, 5]
>>> lst2.pop()
5
>>> lst2
[1, 2, 3, 4]
```

```
>>> lst2.pop(1)
2
>>> lst2
[1, 3, 4]
>>> lst2.remove(3)
>>> lst2
[1, 4]
```

6-1-5 count 與 index 方法

利用 count(value)可以計算 value 出現於串列的次數。Index(value)立回傳出現 value 於串列的索引。請參閱以下敘述。

```
>>> lst3
['apple', 'orange', 'banana']
>>> lst3.append('apple')
>>> lst3
['apple', 'orange', 'banana', 'apple']
>>> lst3.count('apple')
2
>>> lst3.index('banana')
2
>>> lst3.index('orange')
1
```

6-1-6 sort 與 reverse 方法

利用 sort() 將串列由小至大加以排序。而 reverse() 則用來將串列加以反轉。請參閱以下敘述。

```
>>> lst1
[1, 4, 2]
>>> lst1.append(5)
>>> lst1
[1, 4, 2, 5]
>>> lst1.sort()
>>> lst1
```

```
[1, 2, 4, 5]
>>> lst1.reverse()
>>> lst1
[5, 4, 2, 1]
```

6-1-7 in 與 not in

我們可以利用 in 和 not in 來判斷某項目是否存在於串列中。請參閱以下敘述。

```
>>> lst1
[5, 4, 2, 1]
>>> 5 in lst1
True
>>> 8 not in lst1
True
```

6-1-8 sum、max，以及 min 函式

利用 sum 函式加總串列元素和，利用 max 和 min 函式分別回傳串列中最大的項目與最小的項目。請參閱以下敘述。

```
>>> lst1
[5, 4, 2, 1]
>>> sum(lst1)
12
>>> max(lst1)
5
>>> min(lst1)
1
```

6-1-9 + 與 *

此處的 + 是將兩串列連結在一起，而 * 是複製多少幾個串列。請參閱以下敘述。

```
>>> lst1
[5, 4, 2, 1]
>>> lst2
```

```
[1, 4]
>>> lst1 + lst2
[5, 4, 2, 1, 1, 4]
>>> lst2 * 2
[1, 4, 1, 4]
>>> 2 * lst2
[1, 4, 1, 4]
```

6-1-10 再論 [ ] 與 [start:end]

前面曾提及此主題，不過在此處我們將提及當索引為負時的情況。索引 0 是串列元素的第一個，索引 1 是串列元素的第二個，以此類推。而索引 -1 為串列元素的最後一個，可以想像為 -1 加上串列長度。請參閱以下說明。

```
>>> lst1
[5, 4, 2, 1]
>>> lst1[-1]      #印出索引-1的串列項目
1
>>> lst1[-3]      #印出索引-3的串列項目
4
>>> lst1[-3: -1] #印出索引-3到-2的串列項目
[4, 2]
>>> lst1[-4: 4]  #印出索引-4到3的串列項目
[5, 4, 2, 1]
>>>
```

6-1-11 利用 for 印出串列所有的項目

利用 for…in range 印出串列所有的項目，如下所示：

```
>>> lst3 = ['apple', 'orange', 'banana', 'kiwi']
>>> lst3
['apple', 'orange', 'banana', 'kiwi']
>>> for i in range(len(lst3)):
    print('lst3[%d] = %s'%(i, lst3[i]))

lst3[0] = apple
lst3[1] = orange
```

```
lst3[2] = banana
lst3[3] = kiwi
```

Python 又提供一種新的方式，讓我們可以印出串列的所有項目，如下所示：

```
>>> lst3
['apple', 'orange', 'banana', 'apple']
>>> lst3[3] = 'kiwi'
>>> lst3
['apple', 'orange', 'banana', 'kiwi']
```

利用 for...in 即可。

```
>>> for i in lst3:
    print(i, end = '***')

apple***orange***banana***kiwi***
```

若要連項目所對應的位置也印出，則可以下列方式表示之。

```
>>> x = 0
>>> for i in lst3:
        print('lst3[%d]=%s'%(x, i))
        x += 1

lst3[0]=apple
lst3[1]=orange
lst3[2]=banana
lst3[3]=kiwi
```

以上所討論有關一維串列運作方法，摘要於表 6-1：

表 6-1　有關串列運作之函式

函式	意義
len	計算串列的長度
sum	加總串列每一個元素
max	回傳串列最大值
min	回傳串列最小值

有關串列運作之方法摘要於表 6-2：

表 6-2　有關串列運作之方法

方法	意義
append(value)	附加 value 於串列的尾端
insert(indexp, value)	在索引 indexp 處加入 value
pop()	刪除串列最後一元素
pop(indexp)	刪除串列索引 indexp 的元素
remove(value)	刪除串列中的 value，若有多個 value，則只刪除第一個
count(value)	串列中出現 value 的個數
index(value)	value 所在串列的索引
sort()	將串列的元素的由小至大排序
reverse()	將串列的元素反轉

有關串列運作之運算子摘要於表 6-3：

表 6-3　有關串列運作之運算子

運算子	意義
in	檢視某一元素是否在串列中
not in	檢視某一元素是否不在串列中
[ ]	印出串列中的某一元素
[start: end]	印出串列從 start 到 end-1 的元素
*	複製多次的串列元素
+	連結兩個串列元素

以下我們大樂透電腦選號來探討有關串列程式的撰寫。

下一程式將以亂數產生器產生六個 1~49 的亂數：

範例程式：

```
1  lotto = []
2  for i in range(1, 7):
3      randNum = random.randint(1, 49)
4      lotto.append(randNum)
5
6  print('The lottery numbers are: ')
7  for i in lotto:
8      print('%4d'%(i), end = ' ')
```

輸出結果：

（一）

```
The lottery numbers are:
  48    16    33    45    25    24
```

（二）

```
The lottery numbers are:
   8    12    43    12    45    34
```

程式中利用 append 方法將所產生的亂數加入於串列。但我們發現有時可能會產生重複的數字，這時應該要有一些機制來防止之。

我們的做法是可以利用一輔助串列如 checkNum[] 串列，首先將此串列的 1 到 49 的元素值皆填為 0，之後產生的亂數號碼當作 checkNum 串列的索引，檢視此索引所對應的值，此時有兩種狀況，分別如下：

(1). 若是 0，則將此亂數加入於 lotto[] 串列，並將此索引所對應 checkNum[] 串列的值改為 1。

(2). 若是 1，表示此亂數已加入於 lotto[] 串列中了。若未產生六個，則再產生一次亂數。

上述的做法轉為程式，如下所示：

範例程式：

```
1   import random
2   lotto = []
3   checkNum = []
4
5   for i in range(0, 50):
6       checkNum.append(0)
7
8   count = 1
9   while count <= 6:
10      randNum = random.randint(1, 49)
11      if checkNum[randNum] == 0:
12          lotto.append(randNum)
13          count += 1
14      checkNum[randNum] = 1
15
16  print("The lottery numbers are: \n", end = '')
17  for i in lotto:
18      print(i, end = '   ')
19  print()
```

輸出結果：

```
The lottery numbers are:
  25    8    43    40    20    21
```

上一程式也可以直接使用串列所提供的 not in 的運算子，這樣子就不必使用另一個輔助串列。也不比較其值是否為 0，如下範例程式所示：

▶ 範例程式：

```
1   import random
2   lotto = []
3   n = 1
4   while n <= 6:
5       randNum = random.randint(1, 49)
6       if randNum not in lotto:
7           lotto.append(randNum)
8           n += 1
9
10  print("The lottery numbers are: \n", end = '')
11  for i in lotto:
12      print('%4d'%(i), end = '  ')
13  print()
```

▶ 輸出結果：

```
The lottery numbers are:
  39    16    18    23     8    49
```

若要將串列的元素由小至大排序好再印出，則可以先呼叫 sort() 方法。如下範例程式所示：

▶ 範例程式：

```
1   import random
2   lotto = []
3   n = 1
4   while n <= 6:
5       randNum = random.randint(1, 49)
6       if randNum not in lotto:
7           lotto.append(randNum)
8           n += 1
9
10  print("The lottery numbers are: \n", end = '')
11  for i in lotto:
12      print('%4d'%(i), end = '  ')
13  print()
```

```
14
15  lotto.sort()
16  print('After sorting:')
17  for i in lotto:
18      print('%4d'%(i), end = '   ')
19  print()
```

▶ 輸出結果：

```
The lottery numbers are:
  39     16     18     23      8     49
After sorting:
   8     16     18     23     39     49
```

6-2 二維串列的運作

二維串列的運作與一維串列的運作很相似。若對一維串列有所認知的話，基本上就會迎刃而解。

6-2-1 如何得知二維串列的列數與行數

我們先來探討如何印出二維串列有多少列和多少行。

▶ 範例程式：

```
1  lst2 = [[1, 2, 3], [4, 5, 6]]
2  print(lst2)
3  print(lst2[0])
4  print(len(lst2))
5  print(len(lst2[0]))
```

▶ 輸出結果：

```
[[1, 2, 3], [4, 5, 6]]
[1, 2, 3]
2
3
```

上述的程式中，lst2 表示為二維串列，所以印出時是 [[1, 2, 3], [4, 5, 6]]，而 lst2[0] 是二維串列的第一列，所以印出時是 [1, 2, 3]。同時 len(lst2) 表示 lst2 二維串列的列數。而 len(lst2[0]) 表示 lst2 第一列有多少個元素。

6-2-2 如何加入一元素於二維串列

有了這基本的概念後，我們由使用者輸入二維串列的列與行的個數，而串列的每一個元素值由亂數產生器產生的亂數填入。

▶ 範例程式：

```
1   import random
2   rows = eval(input('Enter the number of row: '))
3   columns = eval(input('Enter the number of column: '))
4
5   lst2 = []
6   for i in range(rows):
7       lst2.append([])
8       for j in range(columns):
9           lst2[i].append(random.randint(1, 50))
10  print(lst2)
```

▶ 輸出結果：

```
Enter the number of row: 5
Enter the number of column: 3
[[43, 40, 12], [4, 14, 18], [38, 42, 32], [27, 22, 42], [46, 3, 1]]
```

程式中先以

lst2 = []

建立一串列一空列，然後再以

lst2.append([])

建立一串列，此時等於建立了二維串列，接著將呼叫 append 方法將一亂數加入於串列中。從輸出結果得知，程式是無誤的。以下的範例程式皆由 6-2-2 小節的範例程式延伸而來。

6-2-3 列印二維串列的每一元素

以下範例程式是將二維串列的每一元素一一地印出，如下所示：

範例程式：

```
11  print()
12  for i in range(len(lst2)):
13      for j in range(len(lst2[0])):
14          print('lst2[%d][%d] = %5d'%(i, j, lst2[i][j]))
15      print()
```

輸出結果：

```
lst2[0][0] =    43
lst2[0][1] =    40
lst2[0][2] =    12

lst2[1][0] =     4
lst2[1][1] =    14
lst2[1][2] =    18

lst2[2][0] =    38
lst2[2][1] =    42
lst2[2][2] =    32

lst2[3][0] =    27
lst2[3][1] =    22
lst2[3][2] =    42

lst2[4][0] =    46
lst2[4][1] =     3
lst2[4][2] =     1
```

此程式旨意在讓讀者了解二維串列每一索引的元素為何。除了上述的方法以外，也可以使用更簡潔的 for 敘述來印出二維串列的所有的元素，如下所示：

▶▶ 範例程式：

```
11 for row in lst2:
12     for value in row:
13         print('%5d'%(value), end='')
14     print()
```

▶▶ 輸出結果：

```
   43   40   12
    4   14   18
   38   42   32
   27   22   42
   46    3    1
```

程式中的 for 敘述沒有 range，只有 for...in。若改為 for...in range，則程式如下所示：

▶▶ 範例程式：

```
11 #another print
12 for i in range(len(lst2)):
13     for j in range(len(lst2[0])):
14         print('%5d'%(lst2[i][j]), end = '')
15     print()
```

▶▶ 輸出結果：

```
   43   40   12
    4   14   18
   38   42   32
   27   22   42
   46    3    1
```

6-2-4 計算行與列的和

計算二維串列每一行的和，有一重點就是外迴圈以行的區間為主，而內迴圈則以列的區間為主。程式如下所示：

範例程式：

```
11  for column in range(len(lst2[0])):
12      total = 0
13      for row in range(len(lst2)):
14          total += lst2[row][column]
15      print('sum for column %d is %d'%(column, total))
```

輸出結果：

```
sum for column 0 is 158
sum for column 1 is 121
sum for column 2 is 105
```

反之，若要求二維串列每一列的和，則外迴圈以列的區間為主，而內迴圈則以行的區間為主。程式如下所示：

範例程式：

```
11  for row in range(len(lst2)):
12      total = 0
13      for column in range(len(lst2[0])):
14          total += lst2[row][column]
15      print('sum for row %d is %d'%(row, total))
```

輸出結果：

```
sum for row 0 is 95
sum for row 1 is 36
sum for row 2 is 112
sum for row 3 is 91
sum for row 4 is 50
```

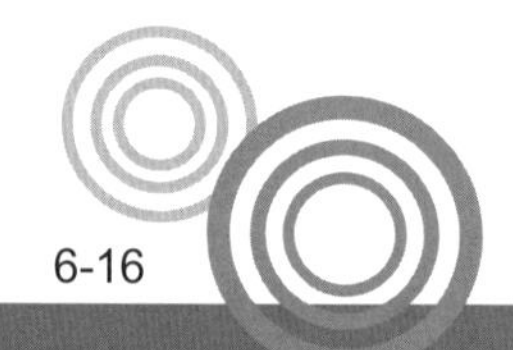

其實在計算二維串列的每一列的和，可以直接使用 sum 來完成。程式如下所示：

範例程式：

```
11  for row in range(len(lst2)):
12      total = 0
13      total += sum(lst2[row])
14      print('sum for row %d is %d'%(row, total))
```

輸出結果：

```
sum for row 0 is 95
sum for row 1 is 36
sum for row 2 is 112
sum for row 3 is 91
sum for row 4 is 50
```

你有沒有感覺簡單多了，少了一個迴圈，程式直接以

total += sum(lst2[row])

求出每一列的和。

綜合範例

 綜合範例 **1**：

偶數索引值加總

1. 題目說明：

   請開啓 **PYD06.py** 檔案，依下列題意進行作答，處理偶數索引的值，使輸出值符合題意要求。請另存新檔為 **PYA06.py**，作答完成請儲存所有檔案至 C:\ANS.CSF 原資料夾內。

2. 設計說明：

   (1) 請撰寫一程式，利用一維串列存放使用者輸入的 12 個正整數(範圍 1~99)。顯示這些數字，接著將串列索引為偶數的數字相加並輸出結果。

   ＊ 提示：輸出每一個數字欄寬設定為 3，每 3 個一列，靠右對齊。

3. 輸入輸出：

   (1) 輸入說明

   ```
   12 個正整數（範圍 1~99）
   ```

   (2) 輸出說明

   ```
   格式化輸出 12 個正整數
   12 個數字中，索引為偶數的數字相加總合
   ```

   (3) 範例輸入

   ```
   56
   45
   43
   22
   3
   1
   39
   20
   93
   18
   44
   83
   ```

範例輸出

```
 56 45 43
 22  3  1
 39 20 93
 18 44 83
278
```

4. 參考程式：

```
1   size = 12
2   sum_of_even_index = 0
3   count = 0
4   aList = []
5
6   for i in range(size):
7       aList.append(eval(input()))
8
9   for i in range(size):
10      count += 1
11      print('%3d' % aList[i], end = '\n' if count % 3 == 0 else
    '')
12      if i % 2 == 0:
13          sum_of_even_index += aList[i]
14
15  print(sum_of_even_index)
```

綜合範例 2：

撲克牌總和

1. 題目說明：

   請開啓 **PYD06.py** 檔案，依下列題意進行作答，輸出並計算五張牌總和，使輸出值符合題意要求。請另存新檔為 **PYA06.py**，作答完成請儲存所有檔案至 C:\ANS.CSF 原資料夾內。

2. 設計說明：

   (1) 請撰寫一程式，讓使用者輸入 52 張牌中的 5 張，計算並輸出其總和。

   * 提示：J、Q、K 以及 A 分別代表 11、12、13 以及 1。

3. 輸入輸出：

   (1) 輸入說明

   5 張牌數

   (2) 輸出說明

   5 張牌的數值總和

   (3) 範例輸入

```
5
10
K
3
A
```

   範例輸出

```
32
```

4. 參考程式：

```
1   cards = []
2   result = 0
3
4   for i in range(5):
5       cards.append(input())
6
7   for i in range(5):
8       if cards[i] == 'A':    result += 1
9       elif cards[i] == 'J':  result += 11
10      elif cards[i] == 'Q':  result += 12
11      elif cards[i] == 'K':  result += 13
12      elif cards[i] == '10': result += 10
13      else:
14          result += eval(cards[i])
15
16  print(result)
```

 綜合範例 3：

數字排序

1. 題目說明：

   請開啟 **PYD06.py** 檔案，依下列題意進行作答，顯示最大的三個數字，使輸出值符合題意要求。請另存新檔為 **PYA06.py**，作答完成請儲存所有檔案至 C:\ANS.CSF 原資料夾內。

2. 設計說明：

   (1) 請撰寫一程式，要求使用者輸入十個數字並存放在串列中。接著由大到小的順序顯示最大的 3 個數字。

3. 輸入輸出：

   (1) 輸入說明

   十個數字

   (2) 輸出說明

   由大到小排序，顯示最大的 3 個數字

   (3) 範例輸入

```
40
32
12
29
20
19
38
48
57
44
```

   範例輸出

```
57 48 44
```

4. 參考程式：

```
1  lst = []
2  
3  for i in range(10):
4      lst.append(eval(input()))
5  
6  lst.sort()
7  print(lst[-1], lst[-2], lst[-3])
```

綜合範例 4：

眾數

1. 題目說明：

   請開啟 **PYD06.py** 檔案，依下列題意進行作答，計算眾數及其出現的次數，使輸出值符合題意要求。請另存新檔為 **PYA06.py**，作答完成請儲存所有檔案至 C:\ANS.CSF 原資料夾內。

2. 設計說明：

   (1) 請撰寫一程式，讓使用者輸入十個整數作為樣本數，輸出眾數（樣本中出現最多次的數字）及其出現的次數。

   * 提示：假設樣本中只有一個眾數。

3. 輸入輸出：

   (1) 輸入說明

   十個整數

   (2) 輸出說明

   眾數
   眾數出現的次數

   (3) 範例輸入

```
34
18
22
32
18
29
30
38
42
18
```

   範例輸出

```
18
3
```

4. 參考程式：

```
size = 10
sample = []
count = [0]*size

for i in range(size):
    num = int(input())

    sample.append(num)
    count[sample.index(num)] += 1

num_occu = max(count)

print(sample[count.index(num_occu)])
print(num_occu)
```

 綜合範例 **5**：

成績計算

1. 題目說明：

   請開啓 **PYD06.py** 檔案，依下列題意進行作答，去除最高最低分後加總其餘成績，使輸出值符合題意要求。請另存新檔為 **PYA06.py**，作答完成請儲存所有檔案至 C:\ANS.CSF 原資料夾內。

2. 設計說明：

   (1) 請撰寫一程式，讓使用者輸入十個成績，接下來將十個成績中最小和最大值（最小、最大值不重複）以外的成績作加總及平均，並輸出結果。

   ＊ 提示：平均值輸出到小數點後第二位。

3. 輸入輸出：

   (1) 輸入說明

   十個數字

   (2) 輸出說明

   總和
   平均

   (3) 範例輸入

```
89
78
67
80
75
98
77
89
76
60
```

   範例輸出

```
631
78.88
```

4. 參考程式：

```
1   lst=[]
2
3   for i in range(10):
4       lst.append(eval(input()))
5
6   total = sum(lst) - max(lst) - min(lst)
7   print(total)
8   print("%.2f" % (total/8))
```

綜合範例 6：

二維串列行列數

1. 題目說明：

   請開啟 **PYD06.py** 檔案，依下列題意進行作答，印出串列的值，使輸出值符合題意要求。請另存新檔為 **PYA06.py**，作答完成請儲存所有檔案至 C:\ANS.CSF 原資料夾內。

2. 設計說明：

   (1) 請撰寫一程式，讓使用者輸入兩個正整數 rows、cols，分別表示二維串列 lst 的「第一個維度大小」與「第二個維度大小」。串列元素[row][col]所儲存的數字，其規則為：row、col 的交點值 = 第二個維度的索引 col − 第一個維度的索引 row。

   (2) 接著以該串列作為參數呼叫函式 compute()輸出串列。

   ＊ 提示：欄寬為 4。

3. 輸入輸出：

   (1) 輸入說明

   兩個正整數（rows、cols）

   (2) 輸出說明

   格式化輸出 row、col 的交點值

   (3) 範例輸入

```
5
10
```

   範例輸出

```
···0···1···2···3···4···5···6···7···8···9
···-1···0···1···2···3···4···5···6···7···8
···-2···-1···0···1···2···3···4···5···6···7
···-3···-2···-1···0···1···2···3···4···5···6
···-4···-3···-2···-1···0···1···2···3···4···5
```

4. 參考程式：

```
1   def compute(lst):
2       for i in range(len(lst)):
3           for j in range(len(lst[i])):
4               print("%4d" % lst[i][j], end='')
5           print()
6
7
8   row = eval(input())
9   column = eval(input())
10  lst = []
11
12  for i in range(row):
13      lst.append([])
14      for j in range(column):
15          lst[i].append(j - i)
16
17  compute(lst)
```

綜合範例 7：

成績計算

1. 題目說明：

   請開啓 **PYD06.py** 檔案，依下列題意進行作答，顯示學生成績總分和平均分數，使輸出值符合題意要求。請另存新檔為 **PYA06.py**，作答完成請儲存所有檔案至 C:\ANS.CSF 原資料夾內。

2. 設計說明：

   (1) 請撰寫一程式，讓使用者輸入三位學生各五筆成績，接著再計算並輸出每位學生的總分及平均分數。

   * 提示：平均分數輸出到小數點後第二位。

3. 輸入輸出：

   (1) 輸入說明

   三位學生各五筆成績

   (2) 輸出說明

   格式化輸出每位學生的總分及平均分數

   (3) 輸入與輸出會交雜如下，輸出之項目以粗體字表示

```
The·1st·student:
78
89
88
70
60
The·2nd·student:
90
78
66
68
78
The·3rd·student:
69
97
70
89
90
Student·1
#Sum·385
#Average·77.00
Student·2
#Sum·380
#Average·76.00
Student·3
#Sum·415
#Average·83.00
```

4. 參考程式：

```
1   score_lst = []
2   order_lst = ["1st", "2nd", "3rd"]
3
4   for i in range(3):
5       print("The %s student:" % order_lst[i])
6       score_lst.append([])
7       for j in range(5):
8           score_lst[i].append(eval(input()))
9
10
11  for i in range(3):
12      print("Student %d" % (i + 1))
13      print("#Sum %d" % (sum(score_lst[i])))
14      print("#Average %.2f" % (sum(score_lst[i]) / 5))
```

 綜合範例 8：

最大最小值索引

1. 題目說明：

   請開啓 **PYD06.py** 檔案，依下列題意進行作答，建立 3*3 矩陣並輸出矩陣最大值與最小值的索引，使輸出值符合題意要求。請另存新檔為 **PYA06.py**，作答完成請儲存所有檔案至 C:\ANS.CSF 原資料夾內。

2. 設計說明：

   (1) 請撰寫一程式，讓使用者建立一個 3*3 的矩陣，其內容為從鍵盤輸入的整數（不重複），接著輸出矩陣最大值與最小值的索引。

3. 輸入輸出：

   (1) 輸入說明

   九個整數

   (2) 輸出說明

   矩陣最大值及其索引
   矩陣最小值及其索引

   (3) 範例輸入

```
6
4
8
39
12
3
-3
49
33
```

   範例輸出

```
Index of the largest number 49 is: (2, 1)
Index of the smallest number -3 is: (2, 0)
```

4. 參考程式：

```
1   size = 3
2   mat = []
3
4   for i in range(size):
5       mat.append([])
6       for j in range(size):
7           mat[i].append(eval(input()))
8
9   max_num = min_num = mat[0][0]
10  max_index = min_index = [0, 0]
11
12  for i in range(size):
13      for j in range(size):
14          if mat[i][j] > max_num:
15              max_num = mat[i][j]
16              max_index = [i, j]
17          elif mat[i][j] < min_num:
18              min_num = mat[i][j]
19              min_index = [i, j]
20
21  print("Index of the largest number %d is: (%d, %d)"
22        % (max_num, max_index[0], max_index[1]))
23  print("Index of the smallest number %d is: (%d, %d)"
24        % (min_num, min_index[0], min_index[1]))
```

綜合範例 9：

矩陣相加

1. 題目說明：

   請開啓 **PYD06.py** 檔案，依下列題意進行作答，依輸入值建立 2*2 矩陣，並計算其相加結果，使輸出值符合題意要求。請另存新檔為 **PYA06.py**，作答完成請儲存所有檔案至 C:\ANS.CSF 原資料夾內。

2. 設計說明：

   (1) 請撰寫一程式，讓使用者建立兩個 2*2 的矩陣，其內容為從鍵盤輸入的整數，接著輸出這兩個矩陣的內容以及它們相加的結果。

3. 輸入輸出：

   (1) 輸入說明

   ```
   兩個 2*2 矩陣，皆輸入整數
   ```

   (2) 輸出說明

   ```
   矩陣 1 的內容
   矩陣 2 的內容
   矩陣 1 及矩陣 2 相加的結果
   ```

   (3) 輸入與輸出會交雜如下，輸出之項目以粗體字表示

```
Enter matrix 1:
[1, 1]: 3
[1, 2]: 5
[2, 1]: 7
[2, 2]: 5
Enter matrix 2:
[1, 1]: 6
[1, 2]: 9
[2, 1]: 8
[2, 2]: 3
Matrix 1:
3 5 
7 5 
Matrix 2:
6 9 
8 3 
Sum of 2 matrices:
9 14 
15 8 
```

4. 參考程式：

```
1    def compute(mat, num_row, num_col):
2        for i in range(num_row):
3            for j in range(num_col):
4                print("%d" % mat[i][j], end=' ')
5            print()
6
7
8    ROWs = COLs = 2
9    mat1 = []
10   mat2 = []
11
12   print("Enter matrix 1:")
13   for i in range(ROWs):
14       mat1.append([])
15       for j in range(COLs):
16           print("[%d, %d]: " % (i + 1, j + 1), end='')
17           mat1[i].append(eval(input()))
```

```
18
19    print("Enter matrix 2:")
20    for i in range(ROWs):
21        mat2.append([])
22        for j in range(COLs):
23            print("[%d, %d]: " % (i + 1, j + 1), end='')
24            mat2[i].append(eval(input()))
25
26    print("Matrix 1:")
27    compute(mat1, ROWs, COLs)
28    print("Matrix 2:")
29    compute(mat2, ROWs, COLs)
30
31    print("Sum of 2 matrices:")
32    for i in range(ROWs):
33        for j in range(COLs):
34            print("%d" % (mat1[i][j] + mat2[i][j]), end=' ')
35        print()
```

綜合範例 10：

平均溫度

1. 題目說明：

   請開啟 **PYD06.py** 檔案，依下列題意進行作答，依輸入值計算四週的平均溫度及最高、最低溫度，使輸出值符合題意要求。請另存新檔為 **PYA06.py**，作答完成請儲存所有檔案至 C:\ANS.CSF 原資料夾內。

2. 設計說明：

   (1) 請撰寫一程式，讓使用者輸入四週各三天的溫度，接著計算並輸出這四週的平均溫度及最高、最低溫度。

   * 提示 1：平均溫度輸出到小數點後第二位。
   * 提示 2：最高溫度及最低溫度的輸出，如為 31 時，則輸出 31，如為 31.1 時，則輸出 31.1。

3. 輸入輸出：

   (1) 輸入說明

   ```
   四週各三天的溫度
   ```

   (2) 輸出說明

   ```
   平均溫度
   最高溫度
   最低溫度
   ```

   (3) 輸入與輸出會交雜如下，輸出之項目以粗體字表示

```
Week 1:
Day 1:23.1
Day 2:24
Day 3:23.5
Week 2:
Day 1:32
Day 2:33
Day 3:35.3
Week 3:
Day 1:29
Day 2:30
Day 3:26
Week 4:
Day 1:27.6
Day 2:25
Day 3:28.8
Average: 28.11
Highest: 35.3
Lowest: 23.1
```

4. 參考程式：

```
1   num_week = 4
2   num_day = 3
3   temp = []
4
5   for i in range(num_week):
6       temp.append([])
7       print("Week %d:" % (i+1))
8       for j in range(num_day):
9           temp[i].append(eval(input("Day %d:" % (j+1))))
10
11  comb = []
12  for i in range(num_week):
13      comb.extend(temp[i])
14
15  avg = sum(comb) / (num_week*num_day)
16  print("Average: %.2f" % avg)
17  print("Highest:", max(comb))
18  print("Lowest:", min(comb))
```

 綜合範例 11：

請撰寫一程式，將一宣告好的整數串列（大小為 5）傳遞給名為 output(aList)的函式，此函式將以使用者的輸入初始化後，再將之回傳到主程式並輸出該串列。接著，主程式將該串列傳遞給名為 max(aList)和 min(aList)函式，並分別回傳後輸出 aList 的最大值（Max）和最小值（Min）。請不要使用系統提供的函式。

1. 輸入輸出：

   (1) 範例輸入

```
4
5
2
-3
9
```

   (2) 範例輸出

```
[4, 5, 2, -3, 9]
Max = 9
Min = -3
```

2. 參考程式：

```
1   def output(aList):
2       for i in range(len(aList)):
3           aList[i] = eval(input())
4       return aList
5
6   def max(aList):
7       max_num = aList[0]
8       for i in range(len(aList)):
9           if aList[i] >max_num:
10              max_num = aList[i]
11      return max_num
12
13  def min(aList):
14      min_num = aList[0]
15      for i in range(len(aList)):
16          if aList[i] <min_num:
17              min_num = aList[i]
18      return min_num
```

```
19
20  def main():
21      lst = [0] * 5
22      print(compute(lst))
23      print("Max =", max(lst))
24      print("Min =", min(lst))
25
26  main()
```

 綜合範例 12：

請撰寫一程式，讓使用者輸入十個數字（不重複）至串列，並將該串列傳遞給名為 compute() 的函式，此函式接收一個串列 lst 和一個數字 a（預設 3），並回傳 lst 中 a 個最大的數字。最後再將回傳結果輸出。

1. 輸入輸出：

   (1) 範例輸入

```
45
89
-3
17
92
24
38
-23
55
10
```

   (2) 範例輸出

```
[45, 89, -3, 17, 92, 24, 38, -23, 55, 10]
[92, 89, 55]
```

2. 參考程式：

```
1   def compute(lst, a=3):
2       lst.sort()
3       ans = []
4       for i in range(-1, -1*a-1, -1):
5           ans.append(lst[i])
6       return ans
7
8   def  main():
9       lst = []
10      for i in range(10):
11          num = eval(input())
12          lst.append(num)
13      print(lst)
14      print(compute(lst))
15
16  main()
```

 綜合範例 **13**：

試撰寫一程式，以 lotto() 產生大樂透號碼，並以 main()函式呼叫五次 lotto()函式，亦即產生五組大樂透號碼。請將的樂透號碼由小至大排序之。

1. 輸入輸出：

   (1) 範例輸入

   ```
   無
   ```

   (2) 範例輸出

   ```
   [8, 16, 17, 18, 26, 28]
   [4, 6, 15, 22, 23, 34]
   [11, 33, 35, 36, 37, 38]
   [1, 2, 11, 12, 24, 34]
   [1, 3, 14, 16, 32, 35]
   ```

2. 參考程式：

```
1   import random
2   def lotto():
3       lottoLst = []
4       count = 0
5       while count < 6:
6           lottoNum = random.randint(1, 49)
7           if lottoNum not in lottoLst:
8               lottoLst.append(lottoNum)
9               count += 1
10      lottoLst.sort()
11      print(lottoLst)
12
13  def main():
14      for i in range(1, 6):
15          lotto()
16
17  main()
```

 綜合範例 14：

試撰寫一程式，以隨機亂數的方式產生 100 個介於 1~1000 的亂數，將它置放於 randLst 串列中，然後印出第二小的數和第二大的數。

1. 輸入輸出：

   (1) 範例輸入

   ```
   無
   ```

   (2) 範例輸出

   ```
      2  12  19  26   28   34    36    41    65    94
    102 111 112 120 127 171 192 193 194 195
    210 210 214 237 245 249 256 259 276 278
    285 292 314 315 331 338 347 350 351 354
    358 362 365 388 389 413 413 423 428 439
    455 456 471 479 486 490 493 495 501 507
    509 513 525 526 534 563 581 586 606 622
    651 658 673 714 728 755 761 763 771 784
    805 812 816 825 834 840 850 853 858 866
    884 887 890 941 952 957 979 987 991 999

   12
   991
   ```

2. 參考程式：

```
1   import random
2   randLst = []
3   for i in range(100):
4       randNum = random.randint(1, 1000)
5       randLst.append(randNum)
6
7   randLst.sort()
8   for j in range(1, 101):
9       if j % 10 == 0:
10          print('%4d'%(randLst[j-1]))
11      else:
12          print('%4d'%(randLst[j-1]), end = '')
13
14  print()
15  print(randLst[1])
16  print(randLst[len(randLst) - 2])
```

 綜合範例 15：

承綜合範例 14，這 100 個亂數不可以重複。

1. 輸入輸出：

(1) 範例輸入

```
無
```

(2) 範例輸出

```
   2   7   8  10  20  30  32  45  61  64
  65  72  77  88 102 108 119 124 130 134
 136 139 142 155 157 178 211 214 216 218
 226 238 243 250 254 275 279 307 321 329
 342 362 375 378 382 392 400 404 433 453
 466 467 469 493 523 524 531 536 539 541
 548 557 558 564 572 574 613 619 620 623
 624 631 637 640 657 686 727 736 742 743
 748 756 758 775 778 797 818 823 830 833
 845 863 870 878 910 930 949 973 979 987

7
979
```

2. 參考程式：

```
1   import random
2   randLst = []
3   count = 1
4   while count <= 100:
5       randNum = random.randint(1, 1000)
6       if randNum not in randLst:
7           randLst.append(randNum)
8           count += 1
9
10  randLst.sort()
11  for j in range(1, 101):
12      if j % 10 == 0:
13          print('%4d'%(randLst[j-1]))
14      else:
15          print('%4d'%(randLst[j-1]), end = '')
16
17  print()
18  print(randLst[1])
19  print(randLst[len(randLst) - 2])
```

Chapter 6 習題

1. 試修改綜合範例 9，在 main() 函式中輸入兩個 2*2 的矩陣元素值，然後將這兩個串列傳送給 add() 函式用以相加這兩個串列，以及 show() 函式用以將串列印出。

   * 輸入與輸出樣本：

   輸入：

```
Enter matrix1:
[1 1]: 3
[1 2]: 5
[2 1]: 7
[2 2]: 5
Enter matrix2:
[1 1]: 6
[1 2]: 9
[2 1]: 8
[2 2]: 3
```

   輸出：

```
Matrix 1
   3  5
   7  5
Matrix 2
   6  9
   8  3
Sum of matrices
   9 14
  15  8
```

2. 請撰寫一程式，以習題 1 為參考樣本，在 main() 函式中輸入兩個 2*2 的矩陣元素值，然後將這兩個串列傳送給 multiply() 函式用以相乘這兩個串列，以及利用 show() 函式將串列加以印出。

＊輸入與輸出樣本：

輸入：

```
Enter matrix1:
[1 1]: 1
[1 2]: 2
[2 1]: 3
[2 2]: 4
Enter matrix2:
[1 1]: 5
[1 2]: 6
[2 1]: 7
[2 2]: 8
```

輸出：

```
Matrix 1
   1  2
   3  4
Matrix 2
   5  6
   7  8
Sum of matrices
  19 22
  43 50
```

3. 試修改綜合範例 15，在 main() 函式以隨機亂數的方式產生 100 個介於 1~1000 間的亂數，並置放於 randLst 串列中，然後將此串列傳送給 maxAndmin() 函式，找出此串列的第二大的數和第二小的數並加以印出。

 * 輸入與輸出樣本：

 輸入：

```
無
```

 輸出：

```
    5    6   11   12   17   20   29   32   34   56
   78   84   93  100  117  122  135  194  196  211
  235  238  244  248  251  263  266  275  280  283
  305  312  327  336  354  360  369  372  386  387
  397  408  415  422  423  433  439  445  463  467
  481  491  513  578  582  594  597  608  614  619
  623  629  630  645  659  663  672  694  709  723
  733  750  755  760  765  773  775  808  810  823
  827  828  833  834  837  843  859  864  874  875
  917  921  926  931  947  969  972  980  981  988
6
981
```

4. 試撰寫一程式，在 main() 函式輸入十筆資料於 alst 串列中，呼叫 meanAndsd() 函式，計算此十筆資料的平均數和樣本標準差，最後將平均數和樣本標準差回傳給 main()加以印出。

 * 提示：平均數 $=\frac{1}{n}(x_1+x_2+\cdots+x_n)$，樣本標準差 $=\sqrt{\frac{\sum_{i=1}^{n}(x_i-\bar{x})^2}{n-1}}$，其中 $\bar{x}$ 是平均數

 * 輸入與輸出樣本：

 輸入：

```
1
2
3
4
5
6
7
8
9
```

```
10
```

輸出：

```
[1, 2, 3, 4, 5, 6, 7, 8, 9, 10]
mean = 5.50, standard deviation = 3.03
```

5. 修改綜合範例 7，在 main() 函式中呼叫 inputData() 函式，用以輸入三位同學各五筆 Python 的考試成績，並儲存於名為 lst35 的二維串列，接下來呼叫 totAver() 函式用以計算每位學生的總和和平均分數。

   ＊ 輸入與輸出樣本：

   輸入：

```
#1 student
78
89
88
70
60
#2 student
90
78
66
68
78
#3 student
69
97
70
89
90
```

   輸出：

```
#1 student:
sum = 385, average = 77.00

#2 student:
sum = 380, average = 76.00

#3 student:
```

```
sum = 415, average = 83.00
```

6. 請撰寫一程式，讓使用者輸入兩個正整數 a、b，其中 a<=b，並將其傳遞給名為 compute()的函式，該函式回傳從 a 到 b 內（含）所有 Armstrong numbers 的串列。最後再將回傳結果輸出。

   * 提示：所謂阿姆斯壯數（Armstrong number）指的是一個 n 位數的正整數，它的所有位數的 n 次方和恰好等於自己(如：1634 = 1^4 + 6^4 + 3^4+ 4^4)。

   * 輸入與輸出樣本：

     輸入：

     ```
     20
     2000
     ```

     輸出：

     ```
     153 370 371 407 1634
     ```

筆記頁

數組、集合，以及詞典

數組、集合，以及詞典

本章將探討與串列相似的主題，如數組、集合和詞典。我們先從數組說起。

7-1 數組

Python 的數組（tuple）和串列很相似，但有下列幾項不同：

1、 數組的元素值不可以改變。

2、 在數組中無法刪除個別元素和取代數組中的資料，但可以刪除整個數組的所有元素。

3、 沒有提供類似串列加入的方法如 append 和 insert，但可以利用 + 來加入元素於數組或是利用 * 來複製元素。

7-1-1 建立數組

數組是以小括號來建立的，元素之間以逗號隔開，如下所示：

```
>>> tuple1 = (2, 4, 1, 3, 9, 5)
>>> tuple1
(2, 4, 1, 3, 9, 5)
```

若小括號內沒有元素，則表示為空數組，如下所示：

```
tuple2 = ()
```

也可以從串列中建立數組，如下所示：

```
>>> tuple3 = tuple([x for x in range(1, 6)])
>>> tuple3
(1, 2, 3, 4, 5)
```

這表示建立了一數組 tuple3，元素計有(1, 2, 3, 4, 5)。注意，要加上 tuple 這個字。也可以從字串建立數組，其數組是這字串中字元所組成的。如下所示：

```
>>> tuple4 = tuple('Python')
>>> tuple4
('P', 'y', 't', 'h', 'o', 'n')
```

數組可以使用 len、max、min、sum 等串列所使用的函式，同時也可以 in 、not in、* ，以及 + 的運算子，這些功能和串列相似。如以下範例所示：

```
>>> tuple1 = (2, 4, 1, 3, 9, 5)
>>> len(tuple1)
6
>>> max(tuple1)
9
>>> min(tuple1)
1
>>> sum(tuple1)
24
>>> 8 in tuple1
False
>>> 9 in tuple1
True
>>> 9 not in tuple1
False
```

```
>>>>>> tuple1 += (6,)
>>> tuple1
(2, 4, 1, 3, 9, 5, 6)
```

注意，只連結一個元素時，而要在其後面加上逗號。也可以一次連結二個元素於數組。

```
>>>>>> tuple1 += (7, 8)
>>> tuple1
(2, 4, 1, 3, 9, 5, 6, 7, 8)
```

可以利用索引來擷取數組的某一元素。

```
>>> tuple1[2]
1
>>> tuple1[3: 6]
(3, 9, 5)
```

```
>>> tuple2 = 2 * tuple1
>>> tuple2
(2, 4, 1, 3, 9, 5, 6, 2, 4, 1, 3, 9, 5, 6)
```

同時也可以 for 迴圈敘述印出數組中所有的資料。

```
>>> for i in tuple1:
    print(i, end = '  ')

2  4  1  3  9  5  6  7  8
```

我們前面提到，數組不可以刪除某一元素，也不能更改其元素值，但可以利用 del 刪除整個數組。如下所示：

```
>>> del tuple1
>>> tuple1
<class 'tuple1'>
```

當利用 del 刪除了 tuple1 整個數組後，再顯示 tuple1，只會印出<class 'tuple'>的訊息。

7-2 集合

7-2-1 建立集合

集合是以大括號來建立的，元素之間以逗號隔開，如下所示：

```
set1 = {1, 3, 5}
```

若是建立空集合，則必需撰寫如下：

```
set2 = set()
```

集合也可以從串列或數組建立資料，如以下是從串列建立集合的資料：

```
>>> set3 = set([x for x in range(1, 6)])
>>> set3
{1, 2, 3, 4, 5}
```

而下面是從數組加以建立集合的資料：

```
>>> set4 = set((1, 2, 3))
>>> set4
{1, 2, 3}
```

集合不會包含重複的資料，所以

```
>>> set5 = set((1, 1, 2, 2, 3))
>>> set5
{1, 2, 3}
```

7-2-2 集合的加入與刪除

你可以使用 add(x) 將 x 加入集合中，或使用 remove(x) 將 x 從集合中刪除。

```
>>> set10 = {1, 3, 6}
>>> set10.add(20)
>>> set10
{1, 3, 6, 20}
>>> set10.remove(3)
>>> set10
{1, 6, 20}
```

也可以使用計算長度的 len()、計算總和的 sum()、以及求出最大和最小值的 max() 與 min()。

```
>>> set20 = {1, 3, 6, 8, 10}
>>> len(set20)
5
>>> sum(set20)
28
>>> max(set20)
10
>>> min(set20)
1
```

同樣地，也可以 in 和 not in 用來檢視某一元素是否在集合。

```
>>> set20 = {1, 3, 6, 8, 10}
>>> 4 in set20
False
>>> 8 in set20
True
```

若要印出集合中的所有元素，則也可以使用 for 來完成，如下所示：

```
>>> for x in set20:
    print(x, end = ' ')

1 3 6 8 10
```

7-2-3 集合的聯集、交集、差集，以及對稱差集

在集合中，一般還會使用所謂的聯集(union)、交集(intersection)、差集(difference)，以及對稱差集（symmetric difference）。我們可使用 union 或 | 表示聯集，以 intersection 或&表示交集，以 difference 或 - 表示差集，以 symmetric_difference 或 ^ 表示對稱差集。

A、B 兩集合的聯集，表示先將 A 集合的項目加入後，再加入 B 集合中 A 集合沒有的項目。請看以下的範例：

```
>>> set20 = {1, 6, 8, 10, 20}
>>> set25 = {1, 3, 8, 10}
>>> set20.union(set25)
{1, 3, 6, 8, 10, 20}
```

以上與 set20 | set25 是相同的。

A、B 兩集合的交集，表示 A 集合和 B 集合共有的項目，如下範例所示：

```
>>> set20.intersection(set25)
{8, 1, 10}
```

以上與 set20 & set25 的運作是相同的。

A、B 兩集合的差集，表示將 A 集合去掉與 B 集合共有的項目，如下範例所示：

```
>>> set20.difference(set25)
{20, 6}
```

以上與 set20 - set25 是相同的。

A、B 兩集合的對稱差集，表示去掉 A 集合與 B 集合共有的項目，如下範例所示：

```
>>> set20.symmetric_difference(set25)
{3, 6, 20}
```

以上與 set20 ^ set25 是相同的。

7-2-4 子集合、超集合，以及 == 和 !=

除了上述有關集合的運作外，還有子集合（subset）或超集合（superset）。子集合表示若 A 集合的所有項目是 B 集合的部份集合，則稱 A 是 B 的部份集合，而 B 是 A 的超集合。如下範例所示：

```
>>> set15 = {1, 3, 8, 10}
>>> set20 = {1, 3, 8}
>>> set20.issubset(set15)
True
>>> set15.issuperset(set20)
True
```

最後，集合也可以利用 == 和 != 來檢視兩個集合是否相等或不相等，如下範例所示：

```
>>> set30 = {1, 8, 3}
>>> set20 == set30
True
>>> set30 != set30
False
>>> set20 == set15
False
```

7-3 詞典

詞典（dictionary）由一鍵值（key）和數值（vlaue）所組成的數對。

7-3-1 建立一詞典

我們可經由一對大括號建立詞典，若括號內是空的，如下所示：

```
dic10 = {}
```

其表示建立一空的 dic10 詞典。

也可建立每一項目是由鍵值和其對應的數值所組合的內容，如下所示：

```
>>> dic10 = {'Taipei':'101', 'Paris':'Tour Eiffel', 'London':'Big Ben'}
>>> dic10
{'Taipei': '101', 'Paris': 'Tour Eiffel', 'London': 'Big Ben'}
```

7-3-2 詞典的運作

若要加入一詞典的項目，則如下範例所示：

```
>>> dic10['Berlin'] = 'Wall'
```

表示將鍵值 'Berlin' 與對應的數值 'Wall' 加入於 dict10 的詞典中。

```
>>> dic10
{'Taipei': '101', 'Paris': 'Tour Eiffel', 'London': 'Big Ben', 'Berlin': 'Wall'}
```

也利用 for 迴圈印出 dic10 詞典上的鍵值:數值對

```
>>> for key in dic10:
    print('%s:%s'%(key, dic10[key]))

Taipei:101
Paris:Tour Eiffel
London:Big Ben
Berlin:Wall
```

可以利用 [ ] 運算子，得到某一鍵值所對應的數值，如下範例所示：

```
>>> dic10['Taipei']
'101'
```

詞典也可以使用 len 來計算詞典有多少項目，利用 in 和 not in 判斷某一鍵值是否存在於詞典中，利用 == 和 != 檢視兩個詞典的項目是否相等或不相等，無關其項目的順序。如下範例所示：

```
>>> len(dic10)
4
>>> 'Taipei' in dic10
True
>>> 'Tainan' in dic10
False
>>> 'Tainan' not in dic10
True
>>> dic12 ={10:'John', 30:'Peter', 20:'Mary'}
>>> dic22 ={10:'John', 20:'Mary', 30:'Peter'}
>>> dic12 == dic22
>>> dic12 == dic22
True
>>> dic12 != dic22
False
```

若要刪除詞典中的某一項目，則可利用 del 來完成，如下所示：

```
>>> del dic10['Taipei']
>>> dic10
{'Paris': 'Tour Eiffel', 'London': 'Big Ben', 'Berlin': 'Wall'}
```

除了以上的功能外，還提供以下的有關詞典方法，方便使用者使用。

利用 keys()可以得到詞典中項目的鍵值，

```
>>> dic10.keys()
dict_keys(['Paris', 'London', 'Berlin'])
```

values()可以得到詞典中項目的數值，

```
>>> dic10.values()
dict_values(['Tour Eiffel', 'Big Ben', 'Wall'])
```

items() 表示詞典的項目

```
>>> dic10.items()
dict_items([('Paris', 'Tour Eiffel'), ('London', 'Big Ben'),
('Berlin', 'Wall')])
```

不過上述的輸出結果都會加上 dict_ 與其欲知的資訊。我們可以在方法前加上 tuple，則其結果會較簡潔。如下所示：

```
>>> tuple(dic10.keys())
('Paris', 'London', 'Berlin')
>>> tuple(dic10.values()
('Tour Eiffel', 'Big Ben', 'Wall')
>>> tuple(dic10.items())
(('Paris', 'Tour Eiffel'), ('London', 'Big Ben'), ('Berlin', 'Wall'))
```

```
>>> dic10.get('Londan')
>>> print(dic10.get('London'))
Big Ben
```

除了利用 del 刪除詞典中某一項目外，也可以使用 pop() 刪除某一鍵值的項目，popitem()表示刪除最後的一個項目，而 clear()則刪除詞典中的所有項目, 如下範例所示：

```
>>> dic10
{'Paris': 'Tour Eiffel', 'London': 'Big Ben', 'Berlin': 'Wall'}
>>> dic10.pop('Paris')
'Tour Eiffel'
>>> dic10
{'London': 'Big Ben', 'Berlin': 'Wall'}
>>> dic10['Taipei'] = '101'
>>> dic10
{'London': 'Big Ben', 'Berlin': 'Wall', 'Taipei': '101'}
>>> dic10.popitem()
```

```
('Taipei', '101')
>>> dic10.popitem()
('Berlin', 'Wall')
>>> dic10
{'London': 'Big Ben'}
>>> dic10['Berlin'] = 'Berlin Wall'
>>> dic10['Taipei'] = '101'
>>> dic10
{'London': 'Big Ben', 'Berlin': 'Berlin Wall', 'Taipei': '101'}
>>> dic10.clear()
>>> dic10
{}
```

有關詞典的函式還有兩個蠻好用的。那就是 copy() 和 update()。copy() 是將某一詞典複製到另一詞典，而 update() 是將兩個詞典合併的意思，若有相同的鍵值，則只取一個鍵值，請看以下範例說明：

```
>>> dict1 = {1:'Red', 2:'Yellow', 3:'Green'}
>>> dict1
{1: 'Red', 2: 'Yellow', 3: 'Green'}
>>> dict2 = {4:'Black', 1:'Red'}
>>> dict2
{4: 'Black', 1: 'Red'}
```

以下是將 dict1 詞典複製給 dict3。

```
>>> dict3 = dict1.copy()
>>> dict3
{1: 'Red', 2: 'Yellow', 3: 'Green'}
```

以下是將 dict2 詞典合併到 dict3。

```
>>> dict3.update(dict2)
>>> dict3
{1: 'Red', 2: 'Yellow', 3: 'Green', 4: 'Black'}
```

綜合範例

 綜合範例 1：

串列數組轉換

1. 題目說明：

   請開啓 **PYD07.py** 檔案，依下列題意進行作答，將串列轉為數組，使輸出值符合題意要求。請另存新檔為 **PYA07.py**，作答完成請儲存所有檔案至 C:\ANS.CSF 原資料夾內。

2. 設計說明：

   (1) 請撰寫一程式，輸入數個整數並儲存至串列中，以輸入-9999 為結束點（串列中不包含-9999），再將此串列轉換成數組，最後顯示該數組以及其長度（Length）、最大值（Max）、最小值（Min）、總和（Sum）。

3. 輸入輸出：

   (1) 輸入說明

   ```
   n 個整數，直至-9999 結束輸入
   ```

   (2) 輸出說明

   ```
   數組
   數組的長度
   數組中的最大值
   數組中的最小值
   數組內的整數總和
   ```

   (3) 範例輸入

   ```
   -4
   0
   37
   19
   26
   -43
   9
   -9999
   ```

範例輸出

```
(-4, 0, 37, 19, 26, -43, 9)
Length: 7
Max: 37
Min: -43
Sum: 44
```

4. 參考程式：

```
1   num = []
2
3   while True:
4       n = int(input())
5       if n == -9999:
6           break
7       num.append(n)
8
9   num_tuple = tuple(num)
10  print(num_tuple)
11  print("Length:", len(num_tuple))
12  print("Max:", max(num_tuple))
13  print("Min:", min(num_tuple))
14  print("Sum:", sum(num_tuple))
```

綜合範例 2：

數組合併排序

1. 題目說明：

   請開啟 **PYD07.py** 檔案，依下列題意進行作答，將兩數組合併並進行排序，使輸出值符合題意要求。請另存新檔為 **PYA07.py**，作答完成請儲存所有檔案至 C:\ANS.CSF 原資料夾內。

2. 設計說明：

   (1) 請撰寫一程式，輸入並建立兩組數組，各以-9999 為結束點（數組中不包含-9999）。將此兩數組合併並從小到大排序之，顯示排序前的數組和排序後的串列。

3. 輸入輸出：

   (1) 輸入說明

   ```
   兩個數組，直至-9999 結束輸入
   ```

   (2) 輸出說明

   ```
   排序前的數組
   排序後的串列
   ```

   (3) 輸入與輸出會交雜如下，輸出之項目以粗體字表示

```
Create tuple1:
9
0
-1
3
8
-9999
Create tuple2:
28
16
39
56
78
88
-9999
Combined tuple before sorting: (9, 0, -1, 3, 8, 28, 16, 39, 56, 78, 88)
Combined list after sorting: [-1, 0, 3, 8, 9, 16, 28, 39, 56, 78, 88]
```

4. 參考程式：

```
1   tup1 = ()
2   tup2 = ()
3
4   print("Create tuple1:")
5   while True:
6       num = eval(input())
7       if num == -9999:
8           break
9       tup1 += (num,)
10
11  print("Create tuple2:")
12  while True:
13      num = eval(input())
14      if num == -9999:
15          break
16      tup2 += (num,)
17
18  tup_comb = tup1 + tup2
19
20  print("Combined tuple before sorting:", tup_comb)
21
22  lst_comb = list(tup_comb)
23  print("Combined list after sorting:", sorted(lst_comb))
```

 綜合範例 **3**：

數組條件判斷

1. 題目說明：

   請開啓 **PYD07.py** 檔案，依下列題意進行作答，輸入字串至數組並進行條件判斷，使輸出值符合題意要求。請另存新檔為 **PYA07.py**，作答完成請儲存所有檔案至 C:\ANS.CSF 原資料夾內。

2. 設計說明：

   (1) 請撰寫一程式，輸入一些字串至數組（至少輸入五個字串），以字串"end"為結束點（數組中不包含字串"end"）。接著輸出該數組，再分別顯示該數組的第一個元素到第三個元素和倒數三個元素。

3. 輸入輸出：

   (1) 輸入說明

   ```
   至少輸入五個字串至數組，直至 end 結束輸入
   ```

   (2) 輸出說明

   ```
   數組
   該數組的前三個元素
   該數組最後三個元素
   ```

   (3) 範例輸入

   ```
   president
   dean
   chair
   staff
   teacher
   student
   end
   ```

   範例輸出

   ```
   ('president', 'dean', 'chair', 'staff', 'teacher', 'student')
   ('president', 'dean', 'chair')
   ('staff', 'teacher', 'student')
   ```

4. 參考程式：

```
1   tup = ()
2
3   while True:
4       word = input()
5       if word == "end":
6           break
7       tup += (word, )
8
9   print(tup)
10  print(tup[0:3])
11  print(tup[-3:])
```

 綜合範例 4：

集合條件判斷

1. 題目說明：

   請開啟 **PYD07.py** 檔案，依下列題意進行作答，將整數儲存至集合（set）中並進行條件判斷，使輸出值符合題意要求。請另存新檔為 **PYA07.py**，作答完成請儲存所有檔案至 C:\ANS.CSF 原資料夾內。

2. 設計說明：

   (1) 請撰寫一程式，輸入數個整數並儲存至集合，以輸入-9999 為結束點（集合中不包含-9999），最後顯示該集合的長度（Length）、最大值（Max）、最小值（Min）、總和（Sum）。

3. 輸入輸出：

   (1) 輸入說明

   ```
   輸入 n 個整數至集合，直至-9999 結束輸入
   ```

   (2) 輸出說明

   ```
   集合的長度
   集合中的最大值
   集合中的最小值
   集合內的整數總和
   ```

   (3) 範例輸入

   ```
   34
   -23
   29
   7
   0
   -1
   -9999
   ```

   範例輸出

   ```
   Length: 6
   Max: 34
   Min: -23
   Sum: 46
   ```

4. 參考程式：

```
1   num = set()
2
3   while True:
4       inp = eval(input())
5       if inp == -9999:
6           break
7       num.add(inp)
8
9
10  print("Length:", len(num))
11  print("Max:", max(num))
12  print("Min:", min(num))
13  print("Sum:", sum(num))
```

 綜合範例 5：

子集合與超集合

1. 題目說明：

   請開啓 **PYD07.py** 檔案，依下列題意進行作答，將整數各自儲存至三個集合中並進行條件判斷，使輸出值符合題意要求。請另存新檔為 **PYA07.py**，作答完成請儲存所有檔案至 C:\ANS.CSF 原資料夾內。

2. 設計說明：

   (1) 請撰寫一程式，依序輸入五個、三個、九個整數，並各自儲存到集合 set1、set2、set3 中。接著回答：set2 是否為 set1 的子集合（subset）？set3 是否為 set1 的超集合（superset）？

3. 輸入輸出：

   (1) 輸入說明

   ```
   依序分別輸入五個、三個、九個整數
   ```

   (2) 輸出說明

   ```
   顯示回覆：
   set2 是否為 set1 的子集合（subset）？
   set3 是否為 set1 的超集合（superset）？
   ```

   (3) 輸入與輸出會交雜如下，輸出之項目以粗體字表示

```
Input to set1:
3
28
-2
7
39
Input to set2:
2
77
0
Input to set3:
3
28
12
99
39
7
-1
-2
65
set2 is subset of set1: False
set3 is superset of set1: True
```

4. 參考程式：

```
1   set1 = set()
2   set2 = set()
3   set3 = set()
4
5   print("Input to set1:")
6   for i in range(5):
7       num = int(input())
8       set1.add(num)
9
10  print("Input to set2:")
11  for i in range(3):
12      num = int(input())
13      set2.add(num)
14
15  print("Input to set3:")
16  for i in range(9):
17      num = int(input())
18      set3.add(num)
19
20  print("set2 is subset of set1:", set2.issubset(set1))
21  print("set3 is superset of set1:", set3.issuperset(set1))
```

 綜合範例 6：

全字母句

1. 題目說明：

   請開啓 **PYD07.py** 檔案，依下列題意進行作答，進行全字母句之判斷，使輸出值符合題意要求。請另存新檔為 **PYA07.py**，作答完成請儲存所有檔案至 C:\ANS.CSF 原資料夾內。

2. 設計說明：

   (1) 全字母句（Pangram）是英文字母表所有的字母都出現至少一次（最好只出現一次）的句子。請撰寫一程式，要求使用者輸入一正整數 k（代表有 k 筆測試資料），每一筆測試資料為一句子，程式判斷該句子是否為 Pangram，並印出對應結果 True（若是）或 False（若不是）。

3. 輸入輸出：

   (1) 輸入說明

   先輸入一個正整數表示測試資料筆數，再輸入測試資料

   (2) 輸出說明

   輸入的資料是否為全字母句

   (3) 輸入與輸出會交雜如下，輸出之項目以粗體字表示

```
3
The quick brown fox jumps over the lazy dog
True
Learning Python is funny
False
Pack my box with five dozen liquor jugs
True
```

4. 參考程式：

```
1   num_alph = 26
2   k = eval(input())
3
4
5   for i in range(k):
6       sentence = input()
7       alphabet = set(sentence.lower())
8       alphabet.remove(' ')
9
10      print(len(alphabet) == num_alph)
```

 綜合範例 7：

共同科目

1. 題目說明：

   請開啓 **PYD07.py** 檔案，依下列題意進行作答，輸入 X 組和 Y 組各自的科目至集合中並進行條件判斷，使輸出值符合題意要求。請另存新檔為 **PYA07.py**，作答完成請儲存所有檔案至 C:\ANS.CSF 原資料夾內。

2. 設計說明：

   (1) 請撰寫一程式，輸入 X 組和 Y 組各自的科目至集合中，以字串"end"作為結束點（集合中不包含字串"end"）。請依序分行顯示(1) X 組和 Y 組的所有科目、(2)X 組和 Y 組的共同科目、(3)Y 組有但 X 組沒有的科目，以及(4) X 組和 Y 組彼此沒有的科目（不包含相同科目）。

   ＊ 提示：科目須參考範例輸出樣本，依字母由小至大進行排序。

3. 輸入輸出：

   (1) 輸入說明

   ```
   輸入 X 組和 Y 組各自的科目至集合，直至 end 結束輸入
   ```

   (2) 輸出說明

   ```
   X 組和 Y 組的所有科目
   X 組和 Y 組的共同科目
   Y 組有但 X 組沒有的科目
   X 組和 Y 組彼此沒有的科目（不包含相同科目）
   ```

   (3) 輸入與輸出會交雜如下，輸出之項目以粗體字表示

```
Enter group X's subjects:
Math
Literature
English
History
Geography
end
Enter group Y's subjects:
Math
Literature
Chinese
physical
Chemistry
end
['Chemistry', 'Chinese', 'English', 'Geography', 'History', 'Literature', 
'Math', 'physical']
['Literature', 'Math']
['Chemistry', 'Chinese', 'physical']
['Chemistry', 'Chinese', 'English', 'Geography', 'History', 'physical']
```

4. 參考程式：

```
1   X = set()
2   Y = set()
3
4   print("Enter group X's subjects:")
5   while True:
6       subject = input()
7       if subject == "end":
8           break
9       X.add(subject)
10
11  print("Enter group Y's subjects:")
12  while True:
13      subject = input()
14      if subject == "end":
15          break
16      Y.add(subject)
17
18  print(sorted(X | Y))
19  print(sorted(X & Y))
20  print(sorted(Y - X))
21  print(sorted(X ^ Y))
```

 綜合範例 8：

詞典合併

1. 題目說明：

   請開啟 **PYD07.py** 檔案，依下列題意進行作答，進行兩詞典合併，使輸出值符合題意要求。請另存新檔為 **PYA07.py**，作答完成請儲存所有檔案至 C:\ANS.CSF 原資料夾內。

2. 設計說明：

   (1) 請撰寫一程式，自行輸入兩個詞典（以輸入鍵值"end"作為輸入結束點，詞典中將不包含鍵值"end"），將此兩詞典合併，並根據 key 值字母由小到大排序輸出，如有重複 key 值，後輸入的 key 值將覆蓋前一 key 值。

3. 輸入輸出：

   (1) 輸入說明

   輸入兩個詞典，直至 end 結束輸入

   (2) 輸出說明

   合併兩詞典，並根據 key 值字母由小到大排序輸出，如有重複 key 值，後輸入的 key 值將覆蓋前一 key 值

   (3) 輸入與輸出會交雜如下，輸出之項目以粗體字表示

```
Create·dict1:
Key:·a
Value:·apple
Key:·b
Value:·banana
Key:·d
Value:·durian
Key:·end
Create·dict2:
Key:·c
Value:·cat
Key:·e
Value:·elephant
Key:·end
a:·apple
b:·banana
c:·cat
d:·durian
e:·elephant
```

4. 參考程式：

```
1   def compute():
2       dic = {}
3       while True:
4           key = input("Key: ")
5           if key == "end":
6               return dic
7   
8           value = input("Value: ")
9           dic[key] = value
10  
11  
12  print("Create dict1:")
13  dict1 = compute()
14  
15  print("Create dict2:")
16  dict2 = compute()
17  
18  merge_dict = dict1.copy()
19  merge_dict.update(dict2)
20  
21  sortedDict = sorted(merge_dict)
22  
23  for i in sortedDict:
24      print('%s: %s' % (i, merge_dict[i]))
```

綜合範例 9：

詞典排序

1. 題目說明：

   請開啓 **PYD07.py** 檔案，依下列題意進行作答，輸入顏色詞典並進行排序，使輸出值符合題意要求。請另存新檔為 **PYA07.py**，作答完成請儲存所有檔案至 C:\ANS.CSF 原資料夾内。

2. 設計說明：

   (1) 請撰寫一程式，輸入一顏色詞典 color_dict（以輸入鍵值"end"作為輸入結束點，詞典中將不包含鍵值"end"），再根據 key 值的字母由小到大排序並輸出。

3. 輸入輸出：

   (1) 輸入說明

   ```
   輸入一個詞典，直至 end 結束輸入
   ```

   (2) 輸出說明

   ```
   根據 key 值字母由小到大排序輸出
   ```

   (3) 輸入與輸出會交雜如下，輸出之項目以粗體字表示

```
Key: Green Yellow
Value: #ADFF2F
Key: Snow
Value: #FFFAFA
Key: Gold
Value: #FFD700
Key: Red
Value: #FF0000
Key: White
Value: #FFFFFF
Key: Green
Value: #008000
Key: Black
Value: #000000
Key: end
Black: #000000
Gold: #FFD700
Green: #008000
Green Yellow: #ADFF2F
Red: #FF0000
Snow: #FFFAFA
White: #FFFFFF
```

4. 參考程式：

```
1   color_dict = {}
2
3   while True:
4       key = input("Key: ")
5       if key == "end":
6           break
7       value = input("Value: ")
8       color_dict[key] = value
9
10  sortedDict = sorted(color_dict)
11
12  for i in sortedDict:
13      print('%s: %s' % (i, color_dict[i]))
```

綜合範例 10：

詞典搜尋

1. 題目說明：

   請開啟 **PYD07.py** 檔案，依下列題意進行作答，為一詞典輸入資料並進行搜尋，使輸出值符合題意要求。請另存新檔為 **PYA07.py**，作答完成請儲存所有檔案至 C:\ANS.CSF 原資料夾內。

2. 設計說明：

   (1) 請撰寫一程式，為一詞典輸入資料（以輸入鍵值"end"作為輸入結束點，詞典中將不包含鍵值"end"），再輸入一鍵值並檢視此鍵值是否存在於該詞典中。

3. 輸入輸出：

   (1) 輸入說明

   先輸入一個詞典，直至 end 結束輸入，再輸入一個鍵值進行搜尋是否存在

   (2) 輸出說明

   鍵值是否存在詞典中

   (3) 輸入與輸出會交雜如下，輸出之項目以粗體字表示

```
Key: 123-4567-89
Value: Jennifer
Key: 987-6543-21
Value: Tommy
Key: 246-8246-82
Value: Kay
Key: end
Search key: 246-8246-82
True
```

4. 參考程式：

```
1   my_dict = {}
2
3   while True:
4       key = input("Key: ")
5       if key == "end":
6           break
7       value = input("Value: ")
8       my_dict[key] = value
9
10  search_key = input("Search key: ")
11  print(search_key in my_dict)
```

 綜合範例 11：

試撰寫一程式，輸入五筆資料置放於名為 tup10 的數組，之後印出此數組的每一元素，以及找出此數組最大值、最小值與總和。

1. 輸入輸出：

(1) 範例輸入

```
10
20
5
38
8
```

(2) 範例輸出

```
(10, 20, 5, 38, 8)
max of the tuple is  38
min of the tuple is  5
sum of the tuple is  81
```

2. 參考程式：

```
 1  i = 1
 2  tup10 = ()
 3  while i <= 5:
 4      a = eval(input())
 5      tup10 += (a, )
 6      i += 1
 7  print(tup10)
 8  
 9  print('max of the tuple is ', max(tup10))
10  print('min of the tuple is ', min(tup10))
11  print('sum of the tuple is ', sum(tup10))
```

 綜合範例 12：

試撰寫一程式，使用不定數迴圈，當使用者輸入 -9999 時才結束迴圈。將資料置於名為 tup20 的數組，之後印出此數組的每一元素，以及此數組第一個元素和最後一個元素。

1. 輸入輸出：

   (1) 範例輸入

```
9
67
22
36
66
98
2
45
-9999
```

   (2) 範例輸出

```
(9, 67, 22, 36, 66, 98, 2, 45)
length of the tuple is  8
the first element is  9
the last element is  45
```

2. 參考程式：

```
1   tup20 = ()
2
3   while True:
4       a = eval(input())
5       if a != -9999:
6           tup20 += (a, )
7       else:
8           break
9
10  print(tup20)
11
12  print('length of the tuple is ', len(tup20))
13  print('the first element is ', tup20[0])
14  print('the last element is ', tup20[len(tup20)-1])
```

 綜合範例 13：

試撰寫一程式，使用不定數迴圈輸入集合的資料，當使用者輸入 -9999 時才結束輸入。將資料置於名為 set10 的集合，之後印出此集合的每一元素。

1. 輸入輸出：

   (1) 範例輸入

```
1
2
3
4
5
6
-9999
```

   (2) 範例輸出

```
{1, 2, 3, 4, 5, 6}
```

2. 參考程式：

```
1   set10 = set()
2
3   while True:
4       a = eval(input())
5       if a != -9999:
6           set10.add(a)
7       else:
8           break
9   print(set10)
```

 綜合範例 14：

試撰寫一程式，在 inputData 函式中使用不定數迴圈輸入集合資料，當使用者輸入 -9999 時才結束輸入。在 main() 函式中，呼叫兩次 inputData() 函式以建立兩個集合 set1 和 set2。利用 operation() 函式檢視 set1 和 set2 這兩個集合的聯集、交集、差集，以及對稱差集。程式最後印出 set1 和 set2 集合的元素值，及上述集合的基本運算。

1. 輸入輸出：

   (1) 範例輸入

```
Input set1 data:
1
2
3
4
5
6
-9999
Input set2 data:
2
4
6
-9999
```

   (2) 範例輸出

```
set1 {1, 2, 3, 4, 5, 6}
set2 {2, 4, 6}

set1 | set2 = {1, 2, 3, 4, 5, 6}
set1 & set2 = {2, 4, 6}
set1 - set2 = {1, 3, 5}
set1 ^ set2 = {1, 3, 5}
```

2. 參考程式：

```
1   def inputData(set10):
2       while True:
3           a = eval(input())
4           if a != -9999:
5               set10.add(a)
6           else:
7               break
8       return set10
9
10  def operation(set11, set12):
11      print()
12      print('set1 | set2 =', set11 | set12)
13      print('set1 & set2 =', set11 & set12)
14      print('set1 - set2 =', set11 - set12)
15      print('set1 ^ set2 =', set11 ^ set12)
16
17  def main():
18      print('Input set1 data: ')
19      set1 = set()
20      inputData(set1)
21
22      print('Input set2 data: ')
23      set2 = set()
24      inputData(set2)
25
26      print('set1', set1)
27      print('set2',set2)
28      operation(set1, set2)
29
30  main()
```

 綜合範例 **15**：

試撰寫一程式，使用不定數迴圈輸入詞典的鍵值與其對應的資料，使用者輸入 -9999 時才結束輸入。將資料置於名為 dict10 的詞典，之後印出此詞典的每一個鍵值與其對應的資料。

1. 輸入輸出：

   (1) 範例輸入

```
Input key: 1122
Input value: Peter
Input key: 1128
Input value: Mary
Input key: 1135
Input value: John
Input key: -9999
Input value: -9999-9999
```

   (2) 範例輸出

```
{1122: 'Peter', 1128: 'Mary', 1135: 'John'}
```

2. 參考程式：

```
1   dict10 = {}
2
3   while True:
4       print('Input key: ', end = '')
5       k = eval(input())
6       print('Input value: ', end = '')
7       v = eval('input()')
8       if k != -9999:
9           dict10[k] = v
10      else:
11          break
12
13  print(dict10)
```

Chapter 7 習題

1. 試撰寫一程式，產生 10 個介於 1 到 100 的亂數，並置放於名為 lst 的串列，再將此串列轉為數組後，印出串列和數組的元素。

   ＊ 輸入與輸出樣本：

   輸入：

   ```
   無
   ```

   輸出：

   ```
   [59, 14, 99, 47, 15, 9, 56, 64, 76, 49]
   (59, 14, 99, 47, 15, 9, 56, 64, 76, 49)
   ```

2. 試撰寫一程式，產生 10 個亂數置放於名為 lst 的串列，再將此串列轉為集合後，印出串列和集合的元素。

   ＊ 輸入與輸出樣本：

   輸入：

   ```
   無
   ```

   輸出：

   ```
   [11, 22, 88, 45, 58, 83, 26, 39, 55, 31]
   {26, 39, 11, 45, 83, 22, 55, 88, 58, 31}
   ```

3. 仿效綜合範例 14，此時檢視 set2 集合是否為 set1 的子集合、超集合。

   ＊ 輸入與輸出樣本：

   輸入：

   ```
   Input set1 data:
   1
   2
   3
   4
   5
   6
   -9999
   Input set2 data:
   2
   4
   ```

```
6
-9999
```

輸出：

```
set1 {1, 2, 3, 4, 5, 6}
set2 {2, 4, 6}

set1 is a subset of set2: False
set1 is a superset of set2: True
```

4. 承綜合範例 15，當輸入資料後，檢視某一鍵值是否存在於詞典中，若有，則加以刪除其對應的資料，否則顯示'not found'的訊息。

   * 輸入與輸出樣本：

```
Input key: 11
Input value: Peter
Input key: 22
Input value: Mary
Input key: 33
Input value: John
Input key: 44
Input value: Nancy
Input key: 55
Input value: Bright
Input key: -9999
Input value: -9999

{11: 'Peter', 22: 'Mary', 33: 'John', 44: 'Nancy', 55: 'Bright'}
Which key do you want to delete: 44
{11: 'Peter', 22: 'Mary', 33: 'John', 55: 'Bright'}
```

5. 試撰寫一詞典的運作程式。先製作一選單，其包含加入、刪除、查詢、顯示，以及結束等選項。使用者將從這些選項中選取一項加以處理。

   * 提示：若鍵值已存在，則輸出「the key is already existed.」，在刪除和查詢功能上，若無此鍵值，則輸出「the key is not found.」，在輸入選項時，若輸入不是 1~5 之間的數值，則輸出「Try again.」

   輸入與輸出樣本：

```
1: add
2: delete
3: query
4: display
5: exit
Which one: 1
Input key: 101
Input value: Peter

1: add
2: delete
3: query
4: display
5: exit
Which one: 1
Input key: 102
Input value: Mary

1: add
2: delete
3: query
4: display
5: exit
Which one: 4
101:Peter
102:Mary

1: add
2: delete
3: query
4: display
5: exit
Which one: 3
Input key: 101
Peter
```

```
1: add
2: delete
3: query
4: display
5: exit
Which one: 2
Input key: 101
101 has been deleted

1: add
2: delete
3: query
4: display
5: exit
Which one: 4
102:Mary

1: add
2: delete
3: query
4: display
5: exit
Which one: 5
```

Chapter 8

字串

字串

在字串（string）這個主題，Python 比較特殊，因為可以使用雙引號或單引號來括住字串，如 'Python is fun!' 或是 "Python is fun! "皆可，由於 Python 沒有字串和字元（character）之分。但在其它程式語言如 C 、C++、 Java 就不同了，字串是以雙引號括起來的，而字元是以單引號括起來的。

8-1 建立空字串

我們可使用以下兩種方式建立空字串，一是以 str() ，二是以 '' 表示之。

```
>>> s1 = str()
>>> s1
''
>>> s2 = ''
>>> s2
''
```

8-2 字串的運作

你可以初始化的方式來建立一字串，如下所示：

```
>>> s3 = 'Learning Python now!'
>>> s3
'Learning Python now!'
>>> s4 = str('Learning Python now!')
>>> s4
'Learning Python now!'
```

若要計算字串的長度可使用 len 函式，利用 max 與 min 函式分別計算字串的最大與最小值。

```
>>> len(s3)
20
>>> max(s3)
'y'
>>> min(s3)
' '
```

利用索引運算子 [] 用來擷取字串的某一字元。如下所示：

```
>>> s3[3]
'r'
```

若索引值是負值，則需將此值加上字串長度。

```
>>> s4 = 'Python'
>>> s4[-1]
'n'
```

由於 s4 的長度為 6，所以 s4[-1]的真正索引值為 5。亦即擷取 s4[5]。

```
>>> s4[-3]
'h'
```

以此類推，s4[-3] 即為 s4[3]。

也可以使用分割運算子[start:end] 表示擷取從 start 到 end-1。

```
>>> s4[1:4]
'yth'
>>> s3[:4]
'Pyth'
>>> s3[1:]
'ython'
>>> s3[1:-1]
'ytho'
```

其中 s3[1:-1] 表示從 s3[1:-1+(len(s3))]，亦即 s3[1:5]。

和串列一樣，+ 表示連結，而 * 表示複製。如下範例所示：

```
>>> s5 = 'Bright'
>>> s6 = 'Tsai'
>>> s6 = ' Tsai'
>>> s5+s6
'Bright Tsai'
>>> s5*2
'BrightBright'
```

要注意的是，要檢視某一字串是否在另一字串，可使用 in 或 not in。如下範例所示：

```
>>> 'B' in s5
True
>>> 'T' not in s6
False
```

```
>>> 'B' in s5
True
>>> 'T' not in s6
False
>>> s5 > s6
True

>>> B in s5
Traceback (most recent call last):
  File "<pyshell#28>", line 1, in <module>
    B in s5
NameError: name 'B' is not defined
```

由於是判斷字串是否出現於某一字串中，所以必需要加上引號。由於上述的敘述沒加上引號，所以出現錯誤的訊息。

同理，也可以利用 for 敘述列印字串的所有元素值。如下所示：

```
>>> for i in s5
SyntaxError: invalid syntax
>>> for i in s5:
    print(i, end=' ')


B r i g h t
```

8-3 測試字串

Python 中的 str 類別提供許字串運作的方法。包括測試字串、子字串處理、轉換字串、如何從字串去掉空白，以及如何將字串加以格式化。我們將一一的說明之。

測試字串旨在測試字串是否屬於英文字母數字、字母、數字、以及其它種類，如以下表格所示：

表 8-1 測試字串的方法

方法	說明
isalnum()	若字串的字元是字母和數字所組成，則回傳 True。
isalpha()	若字串的字元是字母所組成，則回傳 True。
isdigit()	若字串的字元是數字所組成，則回傳 True。
isidentifier()	若字串是符合識別字的名稱，則回傳 True。
islower()	若字串的英文字元皆是由小寫字母所組成，則回傳 True。
isupper()	若字串的英文字元皆是由大寫字母所組成，則回傳 True。
isspace()	若字串的字元皆是由白色空白所組成，則回傳 True。

請看以下在 IDLE 下所執行的範例：

```
>> s5.isalnum()
True
>>> s5.isalpha()
True
>>> s8 = 'Linda'
>>> s8.isalnum()
True
>>> s8.isalpha()
True
>>> s8.isdigit()
False
>>> s8.isidentifier()
True
>>> s8.isupper()
False
>>> s8.islower()
False
>>> s8.isspace()
```

```
False
>>> s9 = 'abcde'
>>> s9.islower()
True
```

8-4 子字串的運作

有時我們對子字串比較有興趣，有關子字串的運作方法如下表所示：

表 8-2　子字串的運作方法

方法	說明
endswith(s1)	若字串的尾端是 s1 子字串時，則回傳 True。
startswith(s1)	若字串的開頭是 s1 子字串時，則回傳 True。
find(s1)	找尋字串中出現 s1 子字串的最小索引值，並加以回傳。
rfind(s1)	找尋字串中出現 s1 子字串的最大索引值，並加以回傳。
count(s1)	計算字串中出現 s1 子字串的個數。

請看以下在 IDLE 下所執行的範例：

```
>>> s8 = 'Linda'
>>> s8.endswith('da')
True
>>> s8.startswith('Li')
True
>>> s8.find('d')
3
>>> s8.find('B')
-1
>>> s10 = 'abcdeabcde'
>>> s10.rfind('e')
9
>>> s10.count('e')
2
```

8-5 轉換字串

Python 也提供了一些用來轉換字串的方法，如下表所示：

表 8-3　轉換字串的方法

方法	說明
capitalize()	將字串中第一個字元轉換為大寫，其餘字元轉換為小寫後加以回傳。
lower()	將字串中的所有字元轉換為小寫後加以回傳。
upper()	將字串中的所有字元轉換為大寫後加以回傳。
title()	將字串中每一單字的第一個字元轉換為大寫，其餘字元轉換為小寫後加以回傳。
swapcase()	將字串中大寫字元轉換為小寫字元，將小寫字元轉換為大寫字元後加以回傳。
replace(old, new)	將 old 字串以 new 字串取代之。

請看以下在 IDLE 下所執行的範例：

```
>>> s11 = 'welcome to Taipei'
>>> s11.capitalize()
'Welcome to taipei'
>>> s11.lower()
'welcome to taipei'
>>> s11.upper()
'WELCOME TO TAIPEI'
>>> s11.swapcase()
'WELCOME TO tAIPEI'
>>> s11.title()
'Welcome To Taipei'
>>> s11.replace('Taipei', 'Tainan')
'welcome to Tainan'
```

8-6 如何從字串中去掉頭尾空白

有下列幾種方法可以將字串中的頭尾空白去掉，如表 8-4 所示：

表 8-4　從字串中去掉頭尾空白的方法

方法	說明
lstrip()	刪除字串左側的空白後加以回傳。
rstrip()	刪除字串右側的空白後加以回傳。
strip()	刪除字串兩側的空白後加以回傳。

請看以下在 IDLE 下所執行的範例：

```
>>> s12 = '   Learning Python now!   '
>>> s12
'   Learning Python now!   '
>>> s12.lstrip()
'Learning Python now!   '
>>> s12
'   Learning Python now!   '
>>> s12.rstrip()
'   Learning Python now!'
>>> s12
'   Learning Python now!   '
>>> s12.strip()
'Learning Python now!'
>>> s12
'   Learning Python now!   '
```

8-7 如何將字串加以格式化

將字串加以格式化的方法，如下表所示：

表 8-5　將字串加以格式化的方法

方法	說明
center(width)	在給予 width 的欄位寬下向中靠齊，並加以回傳。
ljust(width)	在給予 width 的欄位寬下向左靠齊，並加以回傳。
rjust(width)	在給予 width 的欄位寬下向右靠齊，並加以回傳。

請看以下在 IDLE 下所執行的範例：

```
>>> s13 = 'Bright Tsai'
>>> s13.center(20)
'    Bright Tsai     '
>>> s13
'Bright Tsai'
>>> s13.ljust(20)
'Bright Tsai         '
>>> s13
'Bright Tsai'
>>> s13.rjust(20)
'         Bright Tsai'
```

還有一個方法是 split 方法，將字串解析到串列中，如：

```
>>> s100 = 'Apple Orange Banana Kiwi'
>>> lst = s100.split()
>>> lst
['Apple', 'Orange', 'Banana', 'Kiwi']
>>> s200 = '01-13-2018'
>>> lst2 = s200.split('-')
>>> lst2
['01', '13', '2018']
```

其中

lst = s100.split()

表示將字串 s100 以空白為分隔字符，將字串 s100 加以分割，然後存放於串列 lst 中。從輸出結果

['Apple', 'Orange', 'Banana', 'Kiwi']

可得知它是存放於串列中。

下一個敘述

lst2 = s200.split('-')

是以 '-'（dash 字符）為分隔字符，將字串 s200 分割後存放於串列 lst2。

綜合範例

 綜合範例 1：

字串索引

1. 題目說明：

   請開啓 **PYD08.py** 檔案，依下列題意進行作答，顯示每個字元的索引，使輸出值符合題意要求。請另存新檔為 **PYA08.py**，作答完成請儲存所有檔案至 C:\ANS.CSF 原資料夾內。

2. 設計說明：

   (1) 請撰寫一程式，要求使用者輸入一字串，顯示該字串每個字元的索引。

3. 輸入輸出：

   (1) 輸入說明

   一個字串

   (2) 輸出說明

   字串每個字元的索引

   (3) 範例輸入

   ```
   Sandwich
   ```

   範例輸出

   ```
   Index·of·'S':·0
   Index·of·'a':·1
   Index·of·'n':·2
   Index·of·'d':·3
   Index·of·'w':·4
   Index·of·'i':·5
   Index·of·'c':·6
   Index·of·'h':·7
   ```

4. 參考程式：

```
1  string = input()
2  
3  for i in range(len(string)):
4      print("Index of '%c': %d" % (string[i], i))
```

綜合範例 2：

字元對應

1. 題目說明：

   請開啟 **PYD08.py** 檔案，依下列題意進行作答，顯示字串每個字元對應的 ASCII 碼及其總和，使輸出值符合題意要求。請另存新檔為 **PYA08.py**，作答完成請儲存所有檔案至 C:\ANS.CSF 原資料夾內。

2. 設計說明：

   (1) 請撰寫一程式，要求使用者輸入一字串，顯示該字串每個字元的對應 ASCII 碼及其總和。

3. 輸入輸出：

   (1) 輸入說明

   ```
   一個字串
   ```

   (2) 輸出說明

   ```
   依序輸出字串中每個字元對應的 ASCII 碼
   每個字元 ASCII 碼的總和
   ```

   (3) 範例輸入

   ```
   Kingdom
   ```

   範例輸出

   ```
   ASCII code for 'K' is 75
   ASCII code for 'i' is 105
   ASCII code for 'n' is 110
   ASCII code for 'g' is 103
   ASCII code for 'd' is 100
   ASCII code for 'o' is 111
   ASCII code for 'm' is 109
   713
   ```

4. 参考程式：

```
1  total = 0
2  string = input()
3  
4  for i in range(0,len(string)):
5      num = ord(string[i])
6      print("ASCII code for '%s' is %d" % (string[i], num))
7      total += num
8  
9  print(total)
```

綜合範例 3：

倒數三個詞

1. 題目說明：

   請開啓 **PYD08.py** 檔案，依下列題意進行作答，依輸入值取得該句子倒數三個詞，使輸出值符合題意要求。請另存新檔為 **PYA08.py**，作答完成請儲存所有檔案至 C:\ANS.CSF 原資料夾內。

2. 設計說明：

   (1) 請撰寫一程式，讓使用者輸入一個句子（至少有五個詞，以空白隔開），並輸出該句子倒數三個詞。

3. 輸入輸出：

   (1) 輸入說明

   一個句子（至少五個詞，以空白隔開）

   (2) 輸出說明

   該句子倒數三個詞

   (3) 範例輸入

   ```
   Many·foreign·students·study·in·FJU
   ```

   範例輸出

   ```
   study·in·FJU
   ```

4. 參考程式：

```
1   s = input()
2   s_list = s.split(' ')
3
4   print(' '.join(s_list[-3:]))
```

 綜合範例 4：

大寫轉換

1. 題目說明：

   請開啟 **PYD08.py** 檔案，依下列題意進行作答，將字串轉換成大寫及首字大寫，使輸出值符合題意要求。請另存新檔為 **PYA08.py**，作答完成請儲存所有檔案至 C:\ANS.CSF 原資料夾內。

2. 設計說明：

   (1) 請撰寫一程式，讓使用者輸入一字串，分別將該字串轉換成全部大寫以及每個字的第一個字母大寫。

3. 輸入輸出：

   (1) 輸入說明

   一個字串

   (2) 輸出說明

   全部大寫
   每個字的第一個字母大寫

   (3) 範例輸入

   ```
   learning·python·is·funny
   ```

   範例輸出

   ```
   LEARNING·PYTHON·IS·FUNNY
   Learning·Python·Is·Funny
   ```

4. 參考程式：

```
1  st = input()
2
3  str1 = st.upper()
4  print(str1)
5
6  str2 = st.title()
7  print(str2)
```

綜合範例 5：

字串輸出

1. 題目說明：

   請開啓 **PYD08.py** 檔案，依下列題意進行作答，將字串依規則進行輸出，使輸出值符合題意要求。請另存新檔為 **PYA08.py**，作答完成請儲存所有檔案至 C:\ANS.CSF 原資料夾內。

2. 設計說明：

   (1) 請撰寫一程式，要求使用者輸入一個長度為 6 的字串，將此字串分別置於 10 個欄位的寬度的左邊、中間和右邊，並顯示這三個結果，左右皆以直線 |（Vertical bar）作為邊界。

3. 輸入輸出：

   (1) 輸入說明

   一個長度為 6 的字串

   (2) 輸出說明

   格式化輸出

   (3) 範例輸入

   ```
   python
   ```

   範例輸出

   ```
   |python····|
   |··python··|
   |····python|
   ```

4. 參考程式：

```
1  string = input()
2  if len(string) == 6:
3      print("|%-10s|" % (string))
4      print("|%s|" % string.center(10))
5      print("|%10s|" % (string))
```

綜合範例 6：

字元次數計算

1. 題目說明：

   請開啓 **PYD08.py** 檔案，依下列題意進行作答，計算指定字元出現的次數，使輸出值符合題意要求。請另存新檔為 **PYA08.py**，作答完成請儲存所有檔案至 C:\ANS.CSF 原資料夾內。

2. 設計說明：

   (1) 請撰寫一程式，讓使用者輸入一字串和一字元，並將此字串及字元作為參數傳遞給名為 compute()的函式，此函式將回傳並輸出該字串中指定字元出現的次數，接著再輸出結果。

3. 輸入輸出：

   (1) 輸入說明

   一個字串和一個字元

   (2) 輸出說明

   字串中指定字元出現的次數

   (3) 範例輸入

```
Our·country·is·beautiful
u
```

   範例輸出

```
u·occurs·4·time(s)
```

4. 參考程式：

```
1  def compute(sentence, w):
2      return sentence.count(w)
3
4  sentence = input()
5  word = input()
6  print(word, "occurs", compute(sentence, word), "time(s)")
```

綜合範例 7：

字串加總

1. 題目說明：

   請開啟 **PYD08.py** 檔案，依下列題意進行作答，計算數字加總並計算平均，使輸出值符合題意要求。請另存新檔為 **PYA08.py**，作答完成請儲存所有檔案至 C:\ANS.CSF 原資料夾內。

2. 設計說明：

   (1) 請撰寫一程式，要求使用者輸入一字串，該字串為五個數字，以空白隔開。請將此五個數字加總（Total）並計算平均（Average）。

3. 輸入輸出：

   (1) 輸入說明

   一個字串（五個數字，以空白隔開）

   (2) 輸出說明

   總合
   平均

   (3) 範例輸入

```
-2·34·18·29·-56
```

   範例輸出

```
Total·=·23
Average·=·4.6
```

4. 參考程式：

```
1  s = input()
2  slist = [int(x) for x in s.split(' ')]
3
4  print("Total =", sum(slist))
5  print("Average =", sum(slist)/len(slist))
```

綜合範例 8：

社會安全碼

1. 題目說明：

   請開啓 **PYD08.py** 檔案，依下列題意進行作答，進行社會安全碼格式檢查，使輸出值符合題意要求。請另存新檔為 **PYA08.py**，作答完成請儲存所有檔案至 C:\ANS.CSF 原資料夾內。

2. 設計說明：

   (1)請撰寫一程式，提示使用者輸入一個社會安全碼 SSN，格式為 ddd-dd-dddd，d 表示數字。若格式完全符合（正確的 SSN）則顯示【Valid SSN】，否則顯示【Invalid SSN】。

3. 輸入輸出：

   (1) 輸入說明

   一個字串（格式為 ddd-dd-dddd，d 表示數字）

   (2) 輸出說明

   判斷是否符合 SSN 格式

   (3) 範例輸入

   ```
   329-48-4977
   ```

   範例輸出

   ```
   Valid·SSN
   ```

   (4) 範例輸入

   ```
   837-a3-3000
   ```

   範例輸出

   ```
   Invalid·SSN
   ```

4. 參考程式：

```
1   s = input()
2
3   isSSN = (len(s) == 11)
4   if isSSN:
5       for i in range(len(s)):
6           if i == 3 or i == 6:
7               if s[i] != '-':
8                   isSSN = False
9                   break
10          elif not s[i].isdigit():
11              isSSN = False
12              break
13
14  if isSSN:
15      print('Valid SSN')
16  else:
17      print('Invalid SSN')
```

 綜合範例 9：

密碼規則

1. 題目說明：

   請開啓 **PYD08.py** 檔案，依下列題意進行作答，檢查密碼是否符合規則，使輸出值符合題意要求。請另存新檔為 **PYA08.py**，作答完成請儲存所有檔案至 C:\ANS.CSF 原資料夾內。

2. 設計說明：

   (1) 請撰寫一程式，要求使用者輸入一個密碼（字串），檢查此密碼是否符合規則。密碼規則如下：

   a. 必須至少八個字元。

   b. 只包含英文字母和數字。

   c. 至少要有一個大寫英文字母。

   d. 若符合上述三項規則，程式將顯示檢查結果為【Valid password】，否則顯示【Invalid password】。

3. 輸入輸出：

   (1) 輸入說明

   一個字串

   (2) 輸出說明

   判斷是否符合密碼規則

   (3) 範例輸入

```
39Gfjkd98
```

   範例輸出

```
Valid password
```

(4) 範例輸入

```
39dk8fh
```

範例輸出

```
Invalid·password
```

4. 參考程式：

```
1   pw = input()
2
3   validPw = True
4
5   if len(pw) <= 7 \
6      or pw.isalpha() \
7      or pw.isdigit() \
8      or pw.islower():
9       validPw = False
10  else:
11      for i in range(0, len(pw)):
12          if not pw[i].isalpha() and not
    pw[i].isdigit():
13              validPw = False
14              break
15
16  if validPw:
17      print("Valid password")
18  else:
19      print("Invalid password")
```

 綜合範例 10：

最大值與最小值之差

1. 題目說明：

   請開啟 **PYD08.py** 檔案，依下列題意進行作答，找出串列數字中最大值和最小值之間的差，使輸出值符合題意要求。請另存新檔為 **PYA08.py**，作答完成請儲存所有檔案至 C:\ANS.CSF 原資料夾內。

2. 設計說明：

   (1) 請撰寫一程式，首先要求使用者輸入正整數 k（1 <= k <= 100），代表有 k 筆測試資料。每一筆測試資料是一串數字，每個數字之間以空白區隔，請找出此串列數字中最大值和最小值之間的差。

   * 提示：差值輸出到小數點後第二位。

3. 輸入輸出：

   (1) 輸入說明

   先輸入測試資料的筆數，再輸入每一筆測試資料（一串數字，每個數字之間以空白區隔）

   (2) 輸出說明

   每個串列數字中，最大值和最小值之間的差

   (3) 輸入與輸出會交雜如下，輸出之項目以粗體字表示

```
4
94·52.9·3.14·77·46
90.86
-2·0·1000.34·-14.4·89·50
1014.74
87.78·33333·29.3
33303.70
9998·9996·9999
3.00
```

4. 參考程式：

```
1   k = eval(input())
2
3   for i in range(k):
4       str_num = input()
5       str_num_list = str_num.split(' ')
6       str_num_list = [eval(x) for x in str_num_list]
7       print("%.2f" % (max(str_num_list) - min(str_num_list)))
```

 綜合範例 11：

試撰寫一程式，以一不定迴圈要求使用者輸入字串，檢視若字串是以 B 字元開頭，則將此字串加入 lst 串列中，最後將其印出。當使用者輸入的 end 時將結束輸入的動作。

1. 輸入輸出：

   (1) 範例輸入

```
Block
Apple
Banana
Cathy
Boy
end
```

   (2) 範例輸出

```
['Block', 'Banana', 'Boy']
```

2. 參考程式：

```
1   lst = []
2   while True:
3       str = input()
4       if str != 'end':
5           if str.startswith('B'):
6               lst.append(str)
7       else:
8           break
9
10  print(lst)
```

綜合範例 12：

試撰寫一程式，以一不定迴圈要求使用者輸入字串，將輸入的字串以空白為分隔字元，並儲存於 lst 串列中，最後將其印出。

1. 輸入與輸出樣本：

```
I am a teacher.
['I', 'am', 'a', 'teacher.']
He is a student
['He', 'is', 'a', 'student']
Hello, world
['Hello,', 'world']
end
```

2. 參考程式：

```
1  lst = []
2  while True:
3      str = input()
4      if str != 'end':
5          lst = str.split()
6          print(lst)
7      else:
8          break
```

 綜合範例 13：

試撰寫一程式，隨機產生 10 個介於 65~90 的亂數，然後將其轉換為一對應於英文字母的字串。

1. 輸入輸出 1：

   (1) 範例輸入

   ```
   無
   ```

   (2) 範例輸出

   ```
   YCHUOPDQDJ
   ```

2. 輸入輸出 2：

   (1) 範例輸入

   ```
   無
   ```

   (2) 範例輸出

   ```
   QQGGNXCZCZ
   ```

3. 參考程式：

```
1  import random
2  str = ''
3  for i in range(1,11):
4      randNum = random.randint(65, 90)
5      str += (chr(randNum))
6  print(str)
```

綜合範例 14：

試撰寫一程式，輸入九個字串置放於一名為 lst 的字串，其長度不超過 10 個字元。接下來，每一列印出三個字串，並且向中靠齊。

＊提示：每個字串輸出欄位寬為 15。

1. 輸入輸出：

(1) 範例輸入

```
apple
orange
kiwi
banana
grape
pineapple
guava
cherry
blueberry
```

(2) 範例輸出

```
|     apple     ||     orange    ||      kiwi     |
|     banana    ||     grape     ||   pineapple   |
|     guava     ||     cherry    ||   blueberry   |
```

2. 參考程式：

```
1   lst = []
2   for i in range(1, 10):
3       str = input()
4       lst.append(str)
5
6   for k in range(1, 10):
7       if k % 3 != 0:
8           print('|'+lst[k-1].center(15)+'|', end = '')
9       else:
10          print('|'+lst[k-1].center(15)+'|')
```

綜合範例 15：

試撰寫一程式，輸入一名為 str 的字串與欲尋找的字串，將找到的字串以'Bright' 字串取代之。若沒有欲找尋的字串，則印出 'is not found' 的訊息。

1. 輸入輸出 1：

   (1) 範例輸入

   ```
   I make an appointment with Linda
   Linda
   ```

   (2) 範例輸出

   ```
   I make an appointment with Bright
   ```

2. 輸入輸出 2：

   (1) 範例輸入

   ```
   I make an appointment with Linda
   Nancy
   ```

   (2) 範例輸出

   ```
   Nancy is not found
   ```

3. 參考程式：

```
1  str = input()
2  fstr = input()
3  if str.find(fstr) != -1:
4      endStr = str.replace(fstr, 'Bright')
5      print(endStr)
6  else:
7      print(fstr + 'is not found')
```

Chapter 8 習題

1. 試撰寫一程式，以不定數迴圈輸入以：時、分、秒表示的時間數字，隨後將它拆解存放於串列。最後再將此串列印出。當輸入為 end 則結束輸入資料。

   * 輸入與輸出樣本 1：

   ```
   20:12:56
   hour: 20, min: 12, second: 56
   ```

   * 輸入與輸出樣本 2：

   ```
   22:10:01
   hour: 22, min: 10, second: 01
   end
   ```

2. 試撰寫一程式，輸入一變數名稱，然後判斷它是否為合法的變數名稱。假設取變數名稱的準則如下：

   A. 第一個字元需要英文字母

   B. 接下的字元可為英文字母或是數字

   C. 不可以為其它符號

   * 輸入與輸出樣本 1：

   輸入：
   ```
   Lo
   ```

   輸出：
   ```
   Valid variable name
   ```

   * 輸入與輸出樣本 2：

   輸入：
   ```
   7sdfja
   ```

   輸出：
   ```
   Invalid variable name
   ```

* 輸入與輸出樣本 3：

輸入：

```
abc123
```

輸出：

```
Valid variable name
```

* 輸入與輸出樣本 4：

輸入：

```
abc123%
```

輸出：

```
Invalid variable name
```

3. 試撰寫一程式，仿照綜合範例 14，輸入九個字串置放於一名為 lst 的字串，其長度不超過 10 個字元。接下來，每一列印出三個字串，並且向左靠齊。

   * 提示：每個字串輸出欄位寬為 15。

   * 輸入與輸出樣本：

輸入：

```
apple
orange
kiwi
banana
grape
pineapple
guava
cherry
blueberry
```

輸出：

```
|apple          ||orange         ||kiwi           |
|banana         ||grape          ||pineapple      |
|guava          ||cherry         ||blueberry      |
```

4. 試撰寫一程式，以一不定迴圈要求使用者輸入字串，檢視若字串是以 e 字元尾端，則將此字串加入 lst 串列中，最後將其印出。當使用者輸入 end 時將結束輸入的動作。

   * 輸入與輸出樣本：

     輸入：
     ```
     apple
     pineapple
     banana
     orange
     kiwi
     grape
     blueberry
     end
     ```

     輸出：
     ```
     ['apple', 'pineapple', 'orange', 'grape']
     ```

5. 試撰寫一程式，輸入一含有 20 字元以上的字串，請將字串中的字元屬性印出，如它是英文字母、或是數字、或是空白，或是其它的屬性。

   * 輸入與輸出樣本：
     ```
     I am a teacher, and you are a student.
     I: is upper alpha.
      : is a space.
     a: is lower alpha.
     m: is lower alpha.
      : is a space.
     a: is lower alpha.
      : is a space.
     t: is lower alpha.
     e: is lower alpha.
     a: is lower alpha.
     c: is lower alpha.
     h: is lower alpha.
     e: is lower alpha.
     r: is lower alpha.
     , is a symbol character.
     ```

```
 : is a space.
a: is lower alpha.
n: is lower alpha.
d: is lower alpha.
 : is a space.
y: is lower alpha.
o: is lower alpha.
u: is lower alpha.
 : is a space.
a: is lower alpha.
r: is lower alpha.
e: is lower alpha.
 : is a space.
a: is lower alpha.
 : is a space.
s: is lower alpha.
t: is lower alpha.
u: is lower alpha.
d: is lower alpha.
e: is lower alpha.
n: is lower alpha.
t: is lower alpha.
. is a symbol character.
```

筆記頁

Chapter 9

檔案與異常處理

檔案與異常處理

前面談到的輸入基本上是從鍵盤得到資料，而輸出則顯示於螢幕上，此稱之為標準的輸入與輸出（standard input/output）。標準的輸入與輸出有一缺點是，每次的執行資料皆要重新的輸入，這對於輸入的資料若是一很大的檔案時，則此方式會很費時又讓人很煩的一件事。

此時我們可以藉助檔案的輸入與輸出（file input/output）。此時的輸入與輸出的對象皆是檔案。基本上，在檔案的運作上可以先寫入資料於某一檔案，之後再從此檔案讀取資料。

9-1 檔案的運作流程

有關檔案的運作流程如下：

1、 利用 open 函式開啟檔案名稱和其模式。

2、 利用寫入的函式將資料寫入檔案，或是利用讀取的函式從檔案讀取資料。

3、 利用 close 函式將檔案關閉。

接下來，我們將一一的介紹上述的函式，首先是利用 open 打開一檔案，其語法如下：

```
variable_name =  open('file_name', 'mode')
```

其中 variable_name 表示使用自訂的變數名稱，file_name 是使用者自訂檔案的名稱，而 mode 是檔案運作的屬性，如表 9-1 所示：

表 9-1　文字檔模式

運作屬性	說明
w	寫入
r	讀取
a	附加

以上的檔案屬性是文字檔，若是二進位檔案，則要在屬性後面多加上 b，如下表所示：

表 9-2　二進位檔模式

運作屬性	說明
wb	寫入
rb	讀取
ab	附加

因此，以下敘述

outfile = open('names.dat', 'w')

表示將打開一名為 names.dat 的檔案，其運作的屬性是寫入，並將其檔案指標指定給 outfile。從此，outfile 便代表 names.dat 檔案。

上述敘述也可以換寫為 with open('names.dat','w') as outfile :

若使用模式 a，則表示附加到檔案的後面，而模式 r 表示從檔案讀取資料。

一般在開啟檔案做為寫入模式，必需將其關閉，之後再將其開啟做為讀取檔案資料使用。此處提供一個較方便的方式，就是在模式後加上 +，就可表示此檔案可做寫入和讀取的功能。請看後面的綜合範例。

9-2 檔案資料的寫入與讀取

接下來我們就要使用文字檔的存取函式來運作，其相關的函式如表 9-3 所示：

表 9-3　文字檔案的存取函式

文字檔案的存取函式	說明
write	寫入
read()	讀取檔案所有內容
readline()	從檔案中讀取一行
readlines()	讀取檔案所有內容
read(n)	從檔案中讀取 n 個字元

接著我們以範例程式來說明上述的函式。首先，利用 open 函式打開一檔案，接著以寫入的函式 write 將資料寫入於檔案。請看以下範例程式：

▶▶ 範例程式：

```
1  def main():
2      outfile = open('fruits.dat', 'w')
3      #write data to the file
4      outfile.write('Banana\n')
5      outfile.write('Grape\n')
6      outfile.write('Orange')
7      outfile.close()
8  
9  main()
```

上述程式打開了一個名為 fruits.dat 的檔案，做為寫入的模式。之後利用 write 函式將三筆資料寫入檔案中。當你要關閉檔案時，就可以使用 close 函式切斷檔案指標與檔案的關係將檔案關閉。此時 fruits.dat 應該有三筆資料。注意，有些資料有轉義字元\n。

要注意的是，當打開一已存在的檔案時，檔案舊有的資料將被洗掉，所以要特別小心。也可以將資料附加於檔案的後面，這不會有洗掉原有內容的風險。如下所示：

▶▶ 範例程式：

```
1  def main():
2      outfile = open('fruits.dat', 'a')
3      #append data to the file
4      outfile.write('Kiwi')
5      outfile.close()
6  
7  main()
```

此時再附加 Kiwi 的資料於檔案的後面，所以現在 fruits.dat 應該有四筆資料。由於將資料寫入檔案，我們並不知道它是否成功的將資料寫入於檔案。所以，接下來都會使用讀取的函式來讀取檔案的資料，以驗證是否成功寫入資料。

當要從檔案讀取資料時，則利用 readline 函式，每次從檔案讀取一行，而 readlines 函式，則讀取所有檔案的內容。若使用 read()函式，則和 readlines 函式功能相同，而 read(n)，則表示從檔案讀取 n 個字元。請看以下範例程式：

▶▶ 範例程式：

```
1   def main():
2       infile = open('fruits.dat', 'r')
3       #read data from the file
4       #using readline()
5       print('\nUsing readline()')
6       line1 = infile.readline()
7       line2 = infile.readline()
8       line3 = infile.readline()
9
10      print(repr(line1))
11      print(repr(line2))
12      print(repr(line3))
13
14      print((line1))
15      print((line2))
16      print((line3))
17      infile.close()
18
19  main()
```

▶▶ 輸出結果：

```
Using readline()
'Banana\n'
'Grape\n'
'OrangeKiwi'
Banana

Grape

OrangeKiwi
```

程式中的 repr 函式，表示若字串的資料有轉義字元，如\n 等，不會經過轉義的動作就直接印出。因此：

範例程式：

```
1  print(repr(line1))
2  print(repr(line2))
3  print(repr(line3))
```

輸出結果：

```
'Banana\n'
'Grape\n'
'OrangeKiwi'
```

若是將 repr 去掉，如下一範例程式：

範例程式：

```
1  print((line1))
2  print((line2))
3  print((line3))
```

輸出結果：

```
Banana

Grape

OrangeKiwi
```

以下程式將以 read 和 readlines 函式加以讀取，請參閱以下程式：

範例程式：

```
1  def main():
2    infile = open('fruits.dat', 'r')
3    #using read()
4    line1 = infile.read()
5    print('Using read()')
6    print(repr(line1))
7    print((line1))
```

```
8        infile.close()
9
10       #using readlines()
11       infile = open('fruits.dat', 'r')
12       print('\nUsing readlins()')
13       line1 = infile.readlines()
14       print((line1))
15       infile.close()
16
17   main()
```

輸出結果：

```
Using read()
'Banana\nGrape\nOrangeKiwi'
Banana
Grape
OrangeKiwi

Using readlins()
['Banana\n', 'Grape\n', 'OrangeKiwi']
```

以下程式將以 read(n) 函式從檔案中讀取 n 個字元，請參閱以下程式：

範例程式：

```
1    def main():
2        infile = open('fruits.dat', 'r')
3        #using read(n)
4        print('Using read(3)')
5        line1 = infile.read(3)
6        print(repr(line1))
7
8        print('Using read(8)')
9        line2 = infile.read(8)
10       print(repr(line2))
11       infile.close()
12
13   main()
```

▶ 輸出結果：

```
Using read(3)
'Ban'
Using read(8)
'ana\nGrap'
```

要印出檔案內的所有內容，也可以利用下列迴圈敘述加以印出，如下所示：

▶ 範例程式：

```
1  def main():
2      infile = open('fruits.dat', 'r')
3      line = infile.readline()
4      while line != '':
5          print(line)
6          line = infile.readline()
7      infile.close()
8  
9  main()
```

▶ 輸出結果：

```
Banana

Grape

OrangeKiwi
```

當程式讀到檔尾時就會結束。亦即讀到的行資料是空的。

一般我們習慣先打開一檔案做寫入的運作後，將此檔案關閉，之後再打開此檔案做為讀取的運作，結束後再將檔案關閉。如以下程式所示：

範例程式：

```
1  def main():
2      outfile = open('cities.dat', 'w')
3      outfile.write('Taipei\n')
4      outfile.write('London\n')
5      outfile.write('Coventry\n')
6      outfile.close()
7  
8      infile = open('cities.dat', 'r')
9      data = infile.read()
10     print(data)
11     infile.close()
12 
13 main()
```

輸出結果：

```
Taipei
London
Coventry
```

開檔、關檔、開檔再關檔這是很花時間的動作，是否只要開一檔案就可以處理寫入和讀取的動作，有的，只要在檔案的模式中加入 + 的符號即可。如下敘述所示：

範例程式：

```
1  def main():
2      outfile = open('cities.dat', 'w+')
3      outfile.write('Taipei\n')
4      outfile.write('London\n')
5      outfile.write('Coventry\n')
6  
7      outfile.seek(0, 0)
8      data = outfile.read()
9      print(data)
10 
11 main()
```

輸出結果：

```
Taipei
London
Coventry
```

以上程式打開了一 cities.dat 檔案，其模式為 w+，表示此檔案可以處理寫入和讀取的動作。但要注意的是，結束寫入檔案的動作後，由於檔案指標是指向檔尾，所以必需利用 seek(0, 0)將檔案的指標移到檔頭。有關 seek 函式的語法如下：

```
seek(offset, where)
```

其中 offset 是位移多少 bytes，where 表示從哪裏位移，0 表示檔頭，1 表示目前的位置，2 表示檔尾。所以 seek(0, 0)表示從檔頭位移 0 個 byte。

9-3 二進位檔案的寫入與讀取

以上討論檔案的屬性是文字檔，在 Python 也提供二進位檔案的存取屬性。若檔案儲存的資料大都是數值的話，以二進位檔案來處理存取是較有效率的。在二進位檔案的存取上必需引入 pickle 模組，再利用 dump 函式來將資料寫入於檔案，並利用 load 函式從檔案讀取資料。如下表所示：

表 9-4　二進位檔案的存取函式

二進位檔案的存取函式	說明
dump	寫入
load	讀取

請看以下範例程式：

▶▶ 範例程式：

```
1  import pickle
2  def main():
3      outbinfile = open('binaryFile.dat', 'wb')
4      pickle.dump(123, outbinfile)
5      pickle.dump(77.7, outbinfile)
6      pickle.dump('Python is fun', outbinfile)
7      pickle.dump([11, 22, 33], outbinfile)
8      outbinfile.close()
9
10     inbinfile = open('binaryFile.dat', 'rb')
11     print(pickle.load(inbinfile))
12     print(pickle.load(inbinfile))
13     print(pickle.load(inbinfile))
14     print(pickle.load(inbinfile))
15     inbinfile.close()
16
17 main()
```

▶▶ 輸出結果：

```
123
77.7
Python is fun
[11, 22, 33]
```

以下範例程式是打開一個二進位的檔案，由使用者輸入資料，當輸入 0 時，才結束資料寫入檔案和讀取資料的動作。由於是二進位檔案，所以利用 dump 函式將資料寫入於檔案。接下來利用 load 函式從檔案讀取資料，當讀到檔尾時，系統會丟出 EOFError 的訊息，此時在 except EOFError 下將 end_of_file 設定為 True。如下所示：

▶ 範例程式：

```
1  import pickle
2  def main():
3      outfile = open('scores.dat', 'wb')
4      data = eval(input('Enter an integer, 0 to stop: '))
5      while data != 0:
6          pickle.dump(data, outfile)
7          data = eval(input('Enter an integer, 0 to stop: '))
8      outfile.close()
9  
10     infile = open('scores.dat', 'rb')
11     end_of_file = False
12     while not end_of_file:
13         try:
14             print(pickle.load(infile), end = ' ')
15         except EOFError:
16             end_of_file = True
17 
18     infile.close()
19     print('\nAll data are read')
```

▶ 輸出結果：

```
Enter an integer, 0 to stop: 90
Enter an integer, 0 to stop: 12
Enter an integer, 0 to stop: 34
Enter an integer, 0 to stop: 55
Enter an integer, 0 to stop: 67
Enter an integer, 0 to stop: 0
90 12 34 55 67
All data are read
```

9-4 異常處理

應用程式最怕當機，這會給使用者非常驚恐，導致程式是不友善的，所以優良的程式設計師會有異常處理的機制。例如兩數相除，分母不可為 0，則不處理將會使產生錯誤而結束程式的執行，還有若開啓一寫入的檔案，但該檔案已設為唯讀的屬性時，也將產生錯誤的訊息。以上這些需要有異常處理的機制。

Python 的異常處理機制是利用以下的方式處理之，如下所示：

```
try:
敘述主體
except <異常型態>
  處理方式
```

上一範例中的片段程式

▶ 範例程式：

```
1  try:
2       print(pickle.load(infile), end = ' ')
3  except EOFError:
4       end_of_file = True
```

表示敘述主體是當讀取檔案資料到達檔尾時，將會有 EOFError 的異常情形發生，這時的處理方式就是將 end_of_file 設為 True。

當程式可能有多種異常情形時，則以下列的異常處理機制來執行，如下所示：

```
try:
敘述主體
except <異常型態 1>
  處理方式
…

except <異常型態 N>
  處理方式
except:
  上述都沒有匹配時的處理方式

else:
  若沒有異常時所執行的敘述
finally:
  最後一定會處理的方式
```

請看以下範例程式說明：

▶▶ 範例程式：

```
1  def main():
2      try:
3          n1, n2 = eval(input('Enter two numbers, separated by a comma: '))
4          ans = n1 / n2
5          print('%d/%d = %d'%(n1, n2, ans))
6      except ZeroDivisionError:
7          print('Division by zero!')
8      except SyntaxError:
9          print('A comma may be missing in the input')
10     except:
11         print('Something wrong in the input')
12     else:
13         print('No exception')
14     finally:
15         print('The finally clause is executed')
16
17 main()
```

▶▶ 輸出結果：

（一）

```
Enter two numbers, separated by a comma: 10, 0
Division by zero!
The finally clause is executed
```

（二）

```
Enter two numbers, separated by a comma: 12 3
A comma may be missing in the input
The finally clause is executed
```

（三）

```
Enter two numbers, separated by a comma: a, u
Something wrong in the input
The finally clause is executed
```

(四)

```
Enter two numbers, separated by a comma: 12, 3
12/3 = 4
No exception
The finally clause is executed
```

程式中共有三個異常處理的機制，一為當分母為 0 會產生 ZeroDivisionError；二為輸入兩個資料時，中間沒有逗號時會產生 SyntaxError；三是其它的問題時會產生的錯誤訊息。

程式中的 finally 子句，到最後一定會執行的。

綜合範例

 綜合範例 **1**：

成績資料

1. 題目說明：

   請開啓 **PYD09.py** 檔案，依下列題意進行作答，使輸出值符合題意要求。請另存新檔為 **PYA09.py**，作答完成請儲存所有檔案(包含本題所使用之 **write.txt**)至 C:\ANS.CSF 原資料夾內。

   * 請注意：資料夾或程式碼中所提供的檔案路徑，不可進行變動，**write.txt** 檔案需為 UTF-8 編碼格式。

2. 設計說明：

   (1) 請撰寫一程式，將使用者輸入的五筆資料寫入到 **write.txt**（若不存在，則讓程式建立它），每一筆資料為一行，包含學生名字和期末總分，以空白隔開。檔案寫入完成後要關閉。

3. 輸入輸出：

   (1) 輸入說明

   五筆資料（每一筆資料為一行，包含學生名字和分數，以空白隔開）

   (2) 輸出說明

   將輸入的五筆資料寫入檔案中，不另外輸出於頁面

   (3) 範例輸入

```
Leon 87
Ben 90
Sam 77
Karen 92
Kelena 92
```

範例輸出

```
write.txt - 記事本
檔案(F) 編輯(E) 格式(O) 檢視(V) 說明(H)
Leon 87
Ben 90
Sam 77
Karen 92
Kelena 92
```

4. 參考程式：

```
1  file = open("write.txt", "w")
2
3
4  for i in range(5):
5      data = input()
6      file.write(data + '\n')
7
8  file.close()
```

綜合範例 **2**：

資料加總

1. 題目說明：

   請開啓 **PYD09.py** 檔案，依下列題意進行作答，使輸出值符合題意要求。請另存新檔為 **PYA09.py**，作答完成請儲存所有檔案（包含本題所使用之 **read.txt**）至 C:\ANS.CSF 原資料夾內。

   * 請注意：資料夾或程式碼中所提供的檔案路徑，不可進行變動，**read.txt** 檔案需為 UTF-8 編碼格式。

   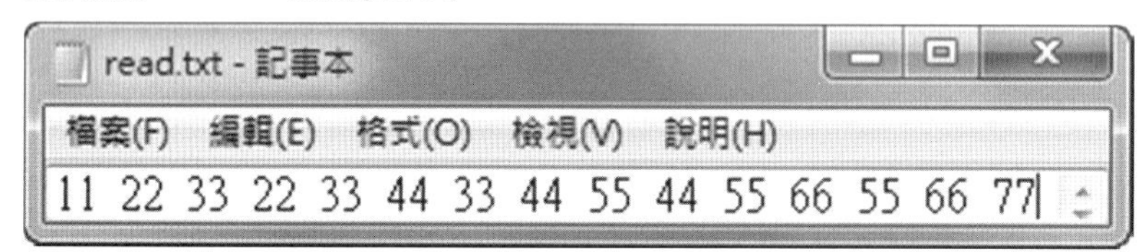

2. 設計說明：

   (1) 請撰寫一程式，讀取 **read.txt** 的內容（內容為數字，以空白分隔）並將這些數字加總後輸出。檔案讀取完成後要關閉。

3. 輸入輸出：

   (1) 輸入說明

   讀取 `read.txt` 的內容（內容為數字，以空白分隔）

   (2) 輸出說明

   總和

   (3) 範例輸入

   無

   範例輸出

   ```
   660
   ```

4. 參考程式：

```
1   f = open("read.txt", 'r')
2   data = f.read()
3   f.close()
4   
5   num = data.split(' ')
6   total = 0
7   for i in range(0, len(num)):
8       total += eval(num[i])
9   
10  print(total)
```

綜合範例 3：

資料附加

1. 題目說明：

   請開啓 **PYD09.py** 檔案，依下列題意進行作答，使輸出值符合題意要求。請另存新檔為 **PYA09.py**，作答完成請儲存所有檔案（包含本題所使用之 **data.txt**）至 C:\ANS.CSF 原資料夾內。

   * 請注意：資料夾或程式碼中所提供的檔案路徑，不可進行變動，**data.txt** 檔案需為 UTF-8 編碼格式。

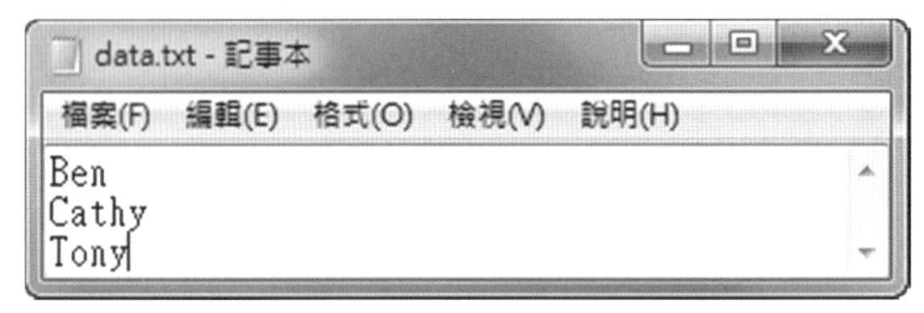

2. 設計說明：

   (1) 請撰寫一程式，要求使用者輸入五個人的名字並加入到 **data.txt** 的尾端。之後再顯示此檔案的內容。

3. 輸入輸出：

   (1) 輸入說明

   輸入五個人的名字

   (2) 輸出說明

   讀取檔案，輸出此檔案內容

   (3) 範例輸入

```
Daisy
Kelvin
Tom
Joyce
Sarah
```

範例輸出

```
Append completed!
Content of "data.txt":
Ben
Cathy
Tony
Daisy
Kelvin
Tom
Joyce
Sarah
```

4. 參考程式：

```
1   file = open("data.txt", "a+")
2   for i in range(5):
3       file.write('\n' + input())
4
5   print("Append completed!")
6   print('Content of "data.txt":')
7
8   file.seek(0, 0)
9   print(file.read())
10
11  file.close()
```

綜合範例 4：

資料計算

1. 題目說明：

   請開啓 **PYD09.py** 檔案，依下列題意進行作答，使輸出值符合題意要求。請另存新檔為 **PYA09.py**，作答完成請儲存所有檔案（包含本題所使用之 **read.txt**）至 C:\ANS.CSF 原資料夾內。

   * 請注意：資料夾或程式碼中所提供的檔案路徑，不可進行變動，**read.txt** 檔案需為 UTF-8 編碼格式。

   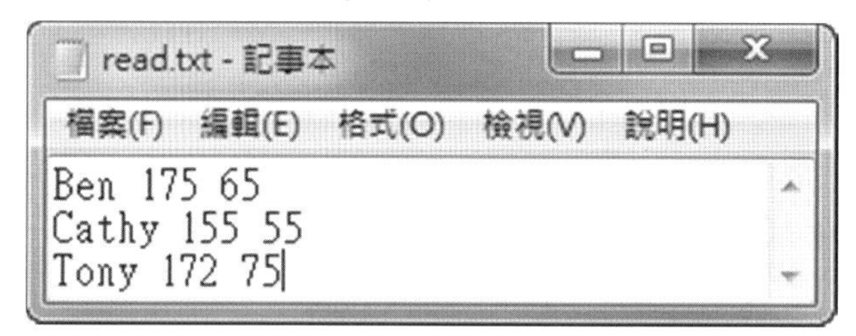

2. 設計說明：

   (1) 請撰寫一程式，讀取 **read.txt**（每一列的格式為名字和身高、體重，以空白分隔）並顯示檔案內容、所有人的平均身高、平均體重以及最高者、最重者。

   * 提示：輸出浮點數到小數點後第二位。

3. 輸入輸出：

   (1) 輸入說明

   ```
   讀取 read.txt（每一列的格式為名字和身高、體重，以空白分隔）
   ```

   (2) 輸出說明

   ```
   輸出檔案中的內容
   平均身高
   平均體重
   最高者
   最重者
   ```

(3) 範例輸入

```
無
```

範例輸出

```
Ben 175 65

Cathy 155 55

Tony 172 75
Average height: 167.33
Average weight: 65.00
The tallest is Ben with 175.00cm
The heaviest is Tony with 75.00kg
```

4. 參考程式：

```
1   data = []
2
3   with open("read.txt","r") as file:
4       for line in file:
5           print(line)
6
7           tmp = line.strip('\n').split(' ')
8           tmp = [tmp[0], eval(tmp[1]), eval(tmp[2])]
9           data.append(tmp)
10
11  name = [data[x][0] for x in range(len(data))]
12  height = [data[x][1] for x in range(len(data))]
13  weight = [data[x][2] for x in range(len(data))]
14
15  print("Average height: %.2f" %
           (sum(height)/len(height)))
16  print("Average weight: %.2f" %
           (sum(weight)/len(weight)))
17
18  max_h = max(height)
19  max_w = max(weight)
20  print("The tallest is %s with %.2fcm" %
           (name[height.index(max_h)], max_h))
21  print("The heaviest is %s with %.2fkg" %
           (name[weight.index(max_w)], max_w))
```

綜合範例 **5**：

字元資料刪除

1. 題目說明：

   請開啟 **PYD09.py** 檔案，依下列題意進行作答，使輸出值符合題意要求。請另存新檔為 **PYA09.py**，作答完成請儲存所有檔案（包含本題所使用之 **data.txt**）至 C:\ANS.CSF 原資料夾內。

   * 請注意：資料夾或程式碼中所提供的檔案路徑，不可進行變動，**data.txt** 檔案需為 UTF-8 編碼格式。

   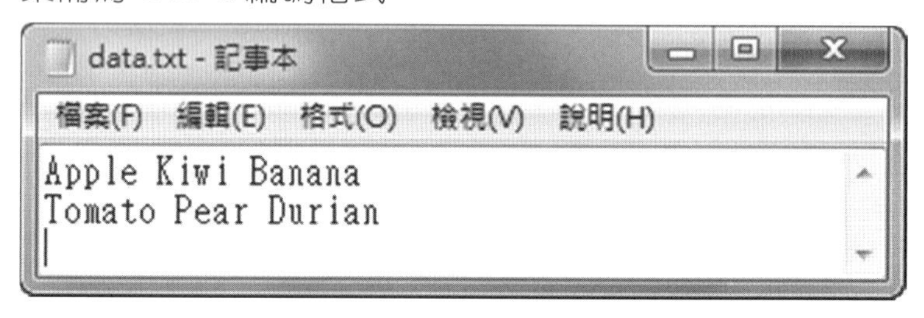

2. 設計說明：

   (1) 請撰寫一程式，要求使用者輸入檔案名稱 **data.txt** 和一字串 s，顯示該檔案的內容。接著刪除檔案中的字串 s，顯示刪除後的檔案內容並存檔。

3. 輸入輸出：

   (1) 輸入說明

   輸入 data.txt 及一個字串

   (2) 輸出說明

   先輸出原檔案內容，再輸入刪除指定字串後的新檔案內容

   (3) 範例輸入

   範例輸出

```
=== Before the deletion
Apple Kiwi Banana 
Tomato Pear Durian 

=== After the deletion
Apple Kiwi Banana 
 Pear Durian 
```

(4) 範例輸入

```
data.txt
Kiwi
```

範例輸出

```
=== Before the deletion
Apple Kiwi Banana 
Tomato Pear Durian 

=== After the deletion
Apple  Banana 
Tomato Pear Durian 
```

4. 參考程式：

```
1   f_name = input()
2   string = input()
3
4   file = open(f_name, "r+")
5   data = file.read()
6
7   print("=== Before the deletion")
8   print(data)
9
10  print("=== After the deletion")
11  data = data.replace(string, '')
12  print(data)
13
14  file.seek(0)
15  file.truncate()
16  file.write(data)
17  file.close()
```

綜合範例 6：

字串資料取代

1. 題目說明：

   請開啟 **PYD09.py** 檔案，依下列題意進行作答，使輸出值符合題意要求。請另存新檔為 **PYA09.py**，作答完成請儲存所有檔案（包含本題所使用之 **data.txt**）至 C:\ANS.CSF 原資料夾內。

   * 請注意：資料夾或程式碼中所提供的檔案路徑，不可進行變動，**data.txt** 檔案需為 UTF-8 編碼格式。

   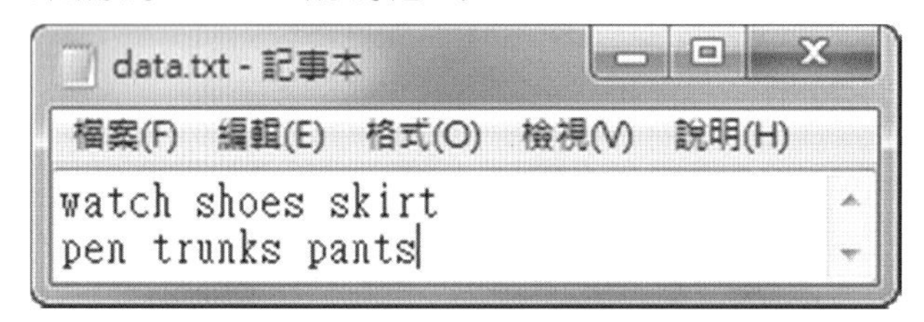

2. 設計說明：

   (1) 請撰寫一程式，要求使用者輸入檔名 **data.txt**、字串 s1 和字串 s2。程式將檔案中的字串 s1 以 s2 取代之。

3. 輸入輸出：

   (1) 輸入說明

   ```
   輸入 data.txt 及兩個字串（分別為 s1、s2，字串 s1 被 s2 取代）
   ```

   (2) 輸出說明

   ```
   輸出檔案中的內容
   輸出取代指定字串後的檔案內容
   ```

(3) 範例輸入

```
data.txt
pen
sneakers
```

範例輸出

```
=== Before the replacement
watch shoes skirt
pen trunks pants
=== After the replacement
watch shoes skirt
sneakers trunks pants
```

4. 參考程式：

```
1   f_name = input()
2   str_old = input()
3   str_new = input()
4
5   infile = open(f_name, 'r')
6   data = infile.read()
7
8   print("=== Before the replacement")
9   print(data)
10  infile.close()
11
12  print("=== After the replacement")
13  new_data = data.replace(str_old, str_new)
14  print(new_data)
15
16  outfile = open(f_name, 'w')
17  outfile.write(new_data)
18  outfile.close()
```

綜合範例 7：

詳細資料顯示

1. 題目說明：

   請開啟 **PYD09.py** 檔案，依下列題意進行作答，使輸出值符合題意要求。請另存新檔為 **PYA09.py**，作答完成請儲存所有檔案（包含本題所使用之 **read.txt**）至 C:\ANS.CSF 原資料夾內。

   * 請注意：資料夾或程式碼中所提供的檔案路徑，不可進行變動，**read.txt** 檔案需為 UTF-8 編碼格式。

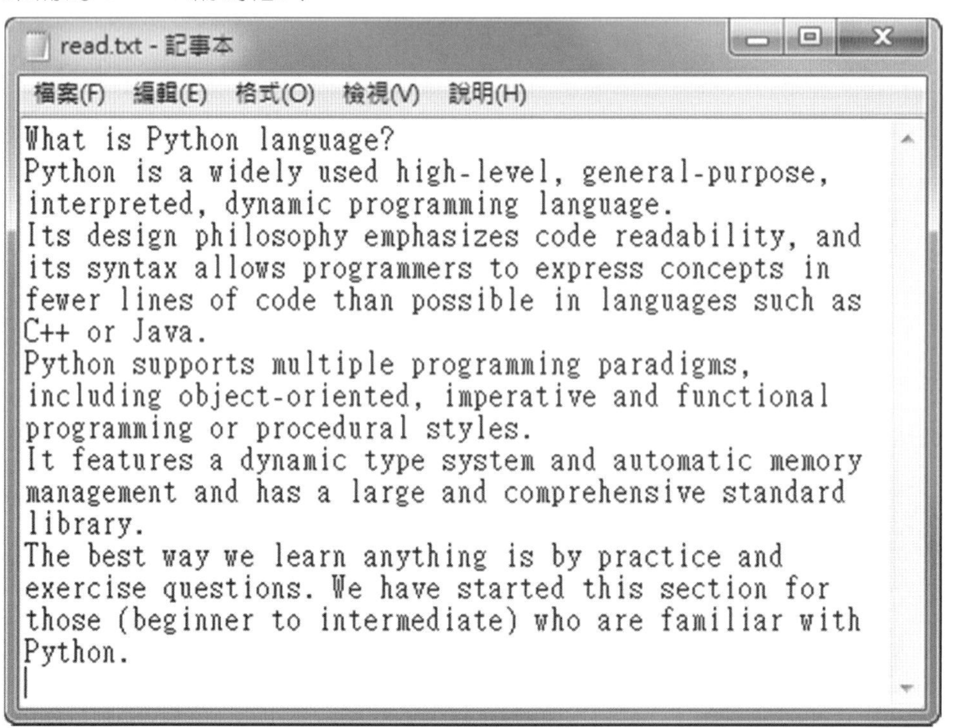

2. 設計說明：

   (1) 請撰寫一程式，要求使用者輸入檔名 **read.txt**，顯示該檔案的行數、單字數（簡單起見，單字以空白隔開即可，忽略其它標點符號）以及字元數（不含空白）。

3. 輸入輸出：

(1) 輸入說明

```
讀取 read.txt
```

(2) 輸出說明

```
行數
單字數
字元數（不含空白）
```

(3) 範例輸入

```
read.txt
```

範例輸出

```
6 line(s)
102 word(s)
614 character(s)
```

4. 參考程式：

```
1   f_name = input()
2
3   c_line = c_word = c_char = 0
4
5   with open(f_name,'r') as file:
6       for line in file:
7           c_line += 1
8
9           word = line.strip('\n').split(' ')
10          c_word += len(word)
11
12          c_char += sum([len(x) for x in word])
13
14  print("%d line(s)" % c_line)
15  print("%d word(s)" % c_word)
16  print("%d character(s)" % c_char)
```

綜合範例 8：

單字次數計算

1. 題目說明：

   請開啓 **PYD09.py** 檔案，依下列題意進行作答，使輸出值符合題意要求。請另存新檔為 **PYA09.py**，作答完成請儲存所有檔案（包含本題所使用之 **read.txt**）至 C:\ANS.CSF 原資料夾內。

   ＊ 請注意：資料夾或程式碼中所提供的檔案路徑，不可進行變動，**read.txt** 檔案需為 UTF-8 編碼格式。

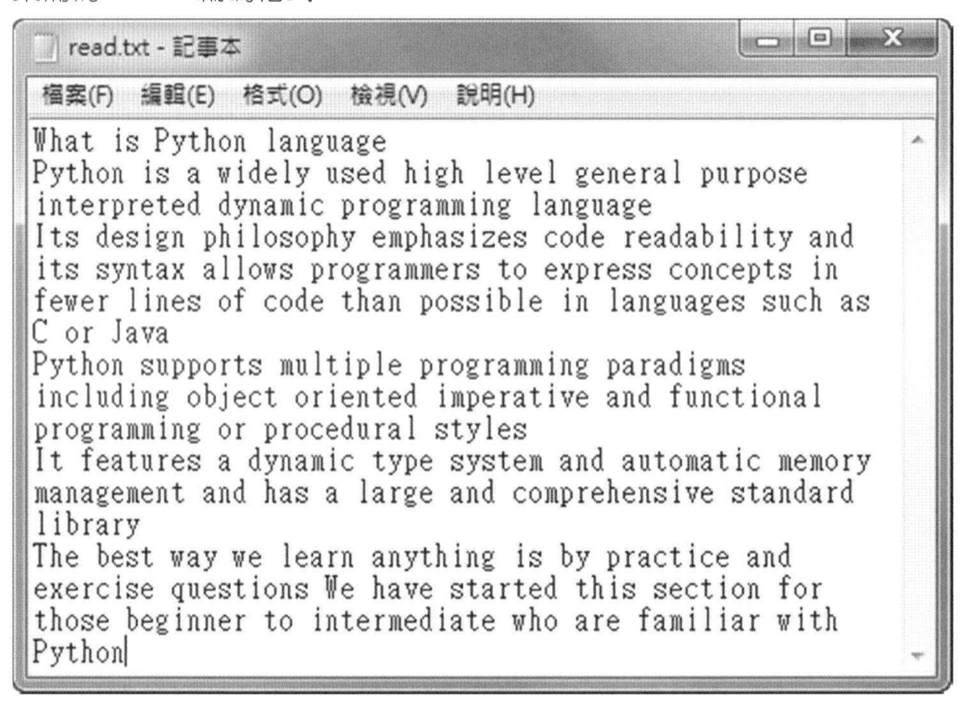

2. 設計說明：

   (1) 請撰寫一程式，要求使用者輸入檔名 **read.txt**，以及檔案中某單字出現的次數，輸出符合次數的單字，並依單字的第一個字母大小排序（單字的判斷以空白隔開即可）。

3. 輸入輸出：

(1) 輸入說明

讀取 read.txt 的內容，以及檔案中出現單字的次數

(2) 輸出說明

輸出符合次數的單字，並依單字的第一個字母大小排序

(3) 範例輸入

```
read.txt
3
```

範例輸出

```
a
is
programming
```

4. 參考程式：

```
1   f_name = input()
2   n = int(input())
3   word_dict = dict()
4
5   with open(f_name, 'r') as file:
6       for line in file:
7           word = line.strip('\n').split(' ')
8
9           for x in word:
10              if x in word_dict:
11                  word_dict[x] += 1
12              else:
13                  word_dict[x] = 1
14
15  word_list = word_dict.items()
16  wordQTY = [x for (x, y) in word_list if y == n]
17
18  sortedword = sorted(wordQTY)
19
20  for x in sortedword:
21      print(x)
```

 綜合範例 **9**：

聯絡人資料

1. 題目說明：

   請開啟 **PYD09.py** 檔案，依下列題意進行作答，使輸出值符合題意要求。請另存新檔為 **PYA09.py**，作答完成請儲存所有檔案（包含本題所使用之 **data.dat**）至 C:\ANS.CSF 原資料夾內。

   ＊ 請注意：資料夾或程式碼中所提供的檔案路徑，不可進行變動，**data.dat** 檔案需為 UTF-8 編碼格式。

2. 設計說明：

   (1) 請撰寫一程式，將使用者輸入的五個人的資料寫入 **data.dat** 檔，每一個人的資料為姓名和電話號碼，以空白分隔。再將檔案加以讀取，並顯示檔案內容。

3. 輸入輸出：

   (1) 輸入說明

   五個人的姓名和電話號碼，以空白分隔

   (2) 輸出說明

   讀取及寫入檔案後，再輸出讀入的檔案名稱及內容

(3) 範例輸入

```
Karen 123456789
Bonnie 235689147
Simon 987612345
Louis 675489321
Andy 019238475
```

範例輸出

```
The content of "data.dat":
Karen 123456789

Bonnie 235689147

Simon 987612345

Louis 675489321

Andy 019238475

```

4. 參考程式：

```
1   f_name = "data.dat"
2   file = open(f_name, "wb")
3
4   for i in range(5) :
5       inp = input()
6       b_inp = bytearray(inp + '\n', 'utf-8')
7       file.write(b_inp)
8
9   file.close()
10
11  print('The content of "%s":' % f_name)
12  with open(f_name, "rb") as file:
13      for line in file:
14          print(line.decode('utf-8'))
```

 綜合範例 10：

學生基本資料

1. 題目說明：

   請開啓 **PYD09.py** 檔案，依下列題意進行作答，使輸出值符合題意要求。請另存新檔為 **PYA09.py**，作答完成請儲存所有檔案(包含本題所使用之 **read.dat**)至 C:\ANS.CSF 原資料夾內。

   * 請注意：資料夾或程式碼中所提供的檔案路徑，不可進行變動，**read.dat** 檔案需為 UTF-8 編碼格式。

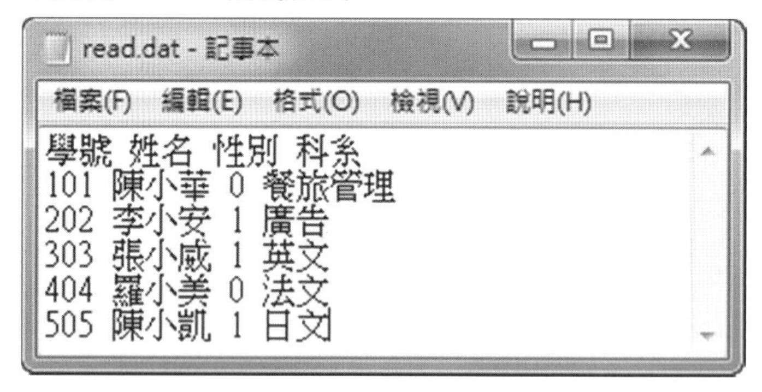

2. 設計說明：

   (1) 請撰寫一程式，要求使用者讀入 **read.dat**（以 UTF-8 編碼格式讀取），第一列為欄位名稱，第二列之後是個人記錄。請輸出檔案內容並顯示男生人數和女生人數（根據"性別"欄位，0 為女性、1 為男性）。

3. 輸入輸出：

   (1) 輸入說明

   ```
   讀取 read.dat
   ```

   (2) 輸出說明

   ```
   讀取檔案內容，並格式化輸出男生人數和女生人數
   ```

(3) 範例輸入

```
無
```

範例輸出

```
學號 姓名 性別 科系

101 陳小華 0 餐旅管理

202 李小安 1 廣告

303 張小威 1 英文

404 羅小美 0 法文

505 陳小凱 1 日文
Number of males: 3
Number of females: 2
```

4. 參考程式：

```
1   f_name = "read.dat"
2   c_male = c_female = 0
3
4   with open(f_name, "rb") as file:
5       for line in file:
6           row = line.decode('utf-8')
7           print(row)
8           row = row.strip('\n').split(' ')
9
10          if row[2] == '1':
11              c_male += 1
12          elif row[2] == '0':
13               c_female += 1
14
15  print("Number of males:", c_male)
16  print("Number of females:", c_female)
```

 綜合範例 11：

試撰寫一程式，以不定數迴圈輸入學生姓名、微積分與會計成績。當輸入學生姓名為 none 時，則結束輸入的動作。並將上述輸入的資料寫入名為 students.dat 的檔案中。

1. 輸入輸出：

(1) 範例輸入

```
Peter
90
89
Mary
88
79
John
80
95
Nancy
87
76
Lulu
67
99
none
10
10
```

(2) 範例輸出

```
寫入到 students.dat
```

2. 參考程式：

```
1   outfile = open('students.dat', 'w')
2   #write data to the file
3   while True:
4       name = input()
5       calculus = input()
6       accounting = input()
7       if name == 'none':
8           break
9       else:
10          outfile.write(name)
11          outfile.write(' ')
12          outfile.write(calculus)
13          outfile.write(' ')
14          outfile.write(accounting)
15          outfile.write(' ')
16          outfile.write('\n')
17
18  outfile.close()
```

 綜合範例 **12**：

試撰寫一程式，將綜合範例 11 所建立的 students.dat 檔案加以讀取之。

1. 輸入輸出：

   (1) 範例輸入

   ```
   無
   ```

   (2) 範例輸出

   ```
   Peter 90 89

   mary 88 79

   John 80 95

   Nancy 87 76

   Lulu 67 99
   ```

2. 參考程式：

```
1  infile = open('students.dat', 'r')
2  
3  info = infile.readline()
4  while info != '':
5      print(info)
6      info = infile.readline()
7  
8  infile.close()
```

 綜合範例 13：

試撰寫一程式，將綜合範例 11 所建立的 students.dat 檔案加以讀取之，並計算每位學生的平均分數。假設微積分的比重是 60%，而會計的比重是 40%。

1. 輸入輸出：

   (1) 範例輸入

   ```
   無
   ```

   (2) 範例輸出

   ```
   |     Peter: 89.60|
   |      Mary: 84.40|
   |      John: 86.00|
   |     Nancy: 82.60|
   |      Lulu: 79.80|
   ```

2. 參考程式：

```
1   infile = open('students.dat', 'r')
2   
3   info = infile.readline()
4   while info != '':
5       lst = info.split(' ')
6       calculus = eval(lst[1])
7       accounting = eval(lst[2])
8       average = calculus * 0.6 + accounting * 0.4
9       print('|%10s: %.2f|'%(lst[0], average))
10      info = infile.readline()
11  
12  infile.close()
```

 綜合範例 **14**：

試撰寫一程式，將綜合範例 11 所建立的 students.dat 檔案加以讀取之，看哪位學生的微積分最高。

1. 輸入輸出：

   (1) 範例輸入

   ```
   無
   ```

   (2) 範例輸出

   ```
   #1 calculus score is
        Peter:  90.
   ```

2. 參考程式：

```
 1  infile = open('students.dat', 'r')
 2  max = -1
 3  info = infile.readline()
 4  while info != '':
 5      lst = info.split(' ')
 6      calculus = eval(lst[1])
 7      if calculus > max:
 8          max = calculus
 9          name = lst[0]
10      info = infile.readline()
11
12  print('#1 calculus score is\n%10s: %3d.'%(name, max))
13  infile.close()
```

綜合範例 15：

試撰寫一程式，將綜合範例 11 所建立的 students.dat 檔案加以讀取之，看哪位學生的會計最低。

1. 輸入輸出：

   (1) 範例輸入

   ```
   無
   ```

   (2) 範例輸出

   ```
   The lowest accounting score is
        Nancy:  76.
   ```

2. 參考程式：

```
1   infile = open('students.dat', 'r')
2   min = 101
3   info = infile.readline()
4   while info != '':
5       lst = info.split(' ')
6       accounting = eval(lst[2])
7       if accounting < min:
8           min = accounting
9           name = lst[0]
10      info = infile.readline()
11
12  print('The lowest accounting score is\n%10s: %3d.'%(name, min))
13  infile.close()
```

Chapter 9 習題

1. 試撰寫一程式，要求使用者輸入五個好友的姓名、電話，以及出生年、月、日。並將它寫入名為 friends.dat 的檔案。

   ＊ 輸入與輸出樣本：

   輸入：

```
John 0911-231-897 87-09-10
Mary 0919-257-333 78-10-08
Peter 0922-999-202 81-10-11
Nancy 0922-333-897 82-11-23
Linda 0913-245-789 88-02-11
```

2. 試撰寫一程式，以不定數迴圈輸入學生的姓名、Python 的分數，當姓名為 none 時，則結束輸入的動作，並將它寫入各為 scores.dat 的檔案。（至少輸入三位學生）

   ＊ 輸入與輸出樣本：

   輸入：

```
Joe
90
Mary
88
Nancy
88
Jennifer
99
none
11
```

3. 試撰寫一程式，將習題 1 的 friends.dat 檔案開啓，並讀出其檔案內容後加以印出。

   ＊ 輸入與輸出樣本：

   輸出：

```
John 0911-231-897 87-09-10

Mary 0919-257-333 78-10-08
```

```
Peter 0922-999-202 81-10-11

Nancy 0922-333-897 82-11-23

Linda 0913-245-789 88-02-11
```

4. 試撰寫一程式，將習題 2 的 scores.dat 檔案開啟，並讀出其檔案內容後加以印出。

   * 輸入與輸出樣本：

   輸出：

```
Joe 90

Mary 88

Nancy 88

Jennifer 99
```

5. 試撰寫一程式，將習題 2 的 scores.dat 檔案開啟，計算 Python 的平均分數。

   * 輸入與輸出樣本：

   輸出：

```
average score : 91.25
```

筆記頁

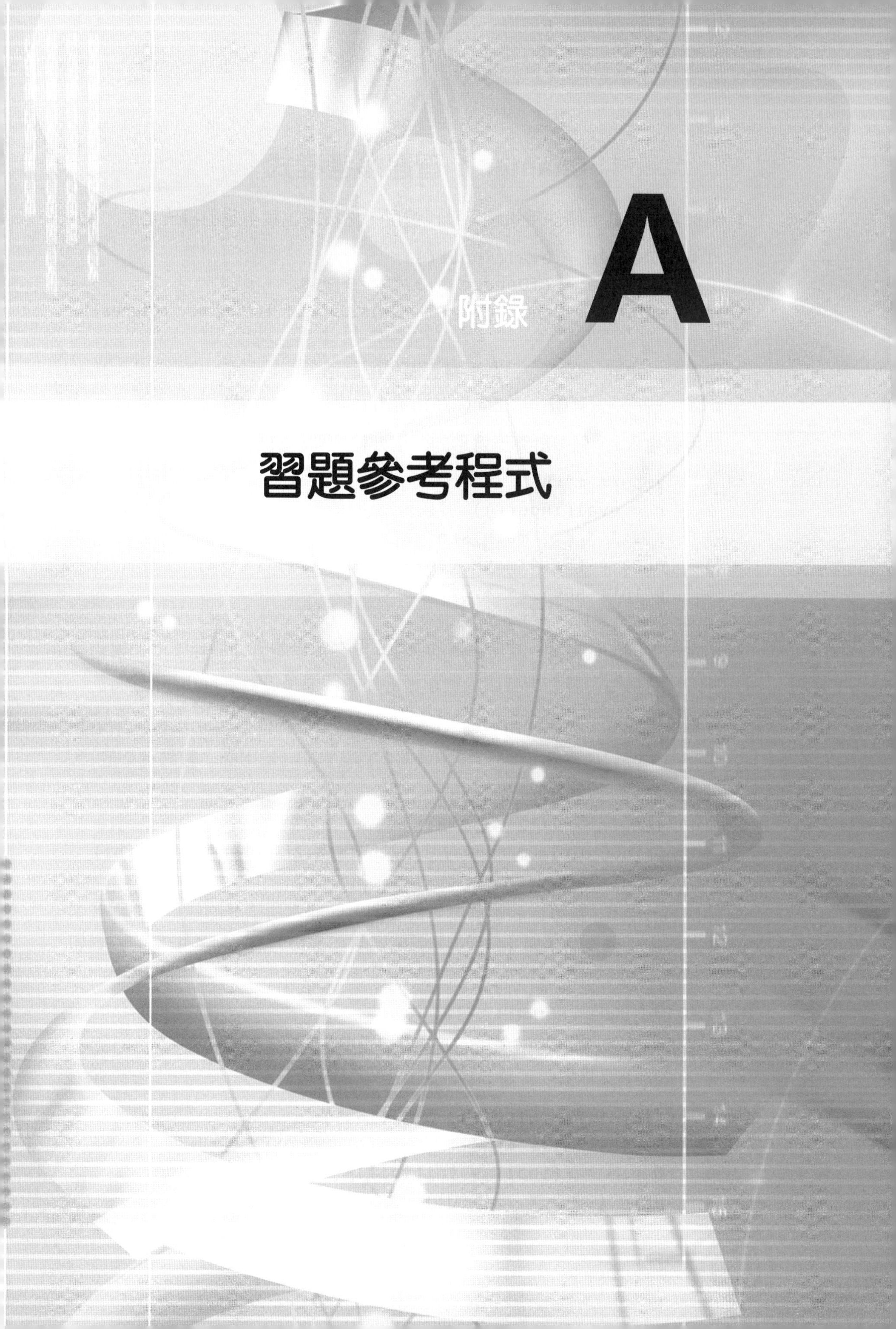

附錄 A

習題參考程式

Chapter 1 習題參考程式

1. 請撰寫一程式，請使用者輸入華氏溫度，然後輸出其對應的攝氏溫度。

```
1  fDegree = eval(input())
2  cDegree = (fDegree - 32) * 5 / 9
3  print('Fahrenheit %.2f ---> Celsius %.2f'%(fDegree, cDegree))
```

2. 請撰寫一程式，以下一公式計算五邊形的面積：
$area = \frac{5s^2}{4\tan(\pi/5)}$ 其中$s = 2r\sin(\pi/5)$，r 為五邊形的中心點到頂點的距離。請使用者輸入 r，然後計算五邊形的面積（輸出到小數點後 2 位）。

```
1  import math
2  r = eval(input())
3  s = 2 * r * math.sin(math.pi/5)
4  area = (5/(4*math.tan(math.pi/5)))*(s**2)
5  print('Area is %.2f'%(area))
```

3. 給定飛機的加速度 a，以及起飛的速度 v，在不考慮外力損耗下（如輪胎摩擦力、空氣阻力等）則要讓飛機起飛的最短跑道長度為 $length = v^2/2a$。

試撰寫一程式，提示使用者輸入以公尺/秒為單位的速度 v，以及以公尺/秒平方為單位的加速度 a，然後輸出最短的跑道長度（輸出到小數點後 2 位）。

```
1  v, a = eval(input())
2  length = v**2 / (2*a)
3  print('Minimum runway length is %.2f meters'%(length))
```

4. 請撰寫一程式，計算從起始溫度到最後溫度時熱水所需要的能量。在程式中提示使用者輸入熱水量（公斤）、起始溫度與最後溫度。計算能量的公式如下：

Q = M * (finalT - initialT) * 4184

其中 M 是熱水的公斤數，finalT 是最後溫度，initialT 是起始溫度，Q 是以焦耳(joules)來衡量的能量（輸出到小數點後 2 位）。

```
1  #input M, initialT, and finalT
2  M, initialT, finalT = eval(input())
3  Q = M * (finalT - initialT) * 4184
4  print('Q = %.2f'%(Q))
```

5. 請撰寫一程式，計算圓柱體的底面積和體積（輸出到小數點後 2 位）。在程式中提示使用者輸入圓柱的半徑和高。

   $area = \pi r^2$

   $volume = area * height$

   其中 area 是底面積，volume 是體積， r 是圓柱體的半徑，height 是圓柱體的高度。

```
1  import math
2  r, height = eval(input())
3  area = r * r * math.pi
4  volume = area * height
5  print('area:%.2f, volume:%.2f'%(area, volume))
```

Chapter 2 習題參考程式

1. 一元二次方程式 $ax^2 + bx + c$ 的解為 $(-b + (b^2 - 4ac)^{1/2})/2a$ 和 $(-b - (b^2 - 4ac)^{1/2})/2a$，試輸入 a、b、c，求出此方程式的解。

```
1   import math
2   a, b, c = eval(input('Enter a, b, c: '))
3   deter = b**2 - 4*a*c
4   if deter > 0:
5       answer1 = (-b + math.sqrt(deter)) / (2 * a)
6       answer2 = (-b - math.sqrt(deter)) / (2 * a)
7       print('The solutions are %f and %f'%(answer1, answer2))
8   elif deter == 0:
9       answer = -b / (2 * a)
10      print('The solution is %f'%(answer))
11  else:
12      print('No solution')
```

2. 試撰寫一程式，由使用者的點座標(x, y)，其中 x, y 皆為整數，然後檢視該點是否位於中心點為(0, 0)，半徑為 8 的圓內或圓外。

```
1   import math
2   x1, y1 = eval(input())
3
4   dist = math.sqrt((x1-0)**2 +(y1-0)**2)
5   if dist <= 8:
6       print('(%d, %d) is inside of the circle'%(x1, y1
7   else:
8       print('(%d, %d) is outside of the circle'%(x1, y1))
```

3. 試撰寫一程式，利用亂數產生器產生介於 1~100 之間的亂數，然後檢視這個亂數是 3 的倍數或是 5 的倍數或皆是或皆不是。

```
1   import random
2   num = random.randint(1, 100)
3   if num % 3 == 0 and num % 5 == 0:
4       print('%d is 3\'s and 5\'s multiply.'%(num))
5   elif:
6        if num % 3 == 0:
```

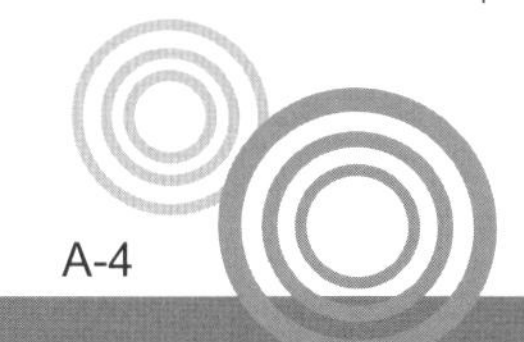

```
7              print('%d is 3\'s multiply.'%(num))
8          else:
9              if num % 5 == 0:
10                 print('%d is 5\'s multiply.'%(num))
11             else:
12                 print('%d is not 3\'s or 5\'s multiply.'%(num))
```

4. 試撰寫一程式，將使用者所輸入的十六進位的字元轉換為其十進位所對應的數值。

```
1  hexChar = input("Enter a hexChar character: ")
2  if hexChar >= '0' and hexChar <= '9':
3      print("The decimal value is" , ord(hexChar) - ord('0'))
4  elif hexChar <= 'F' and hexChar >= 'A':
5      print("The decimal value is", ord(hexChar) - ord('A') + 10)
6  elif hexChar <= 'f' and hexChar >= 'a':
7      print("The decimal value is", ord(hexChar) - ord('a') + 10)
8  else:
9      print("Invalid input")
```

程式利用 ord 函式將字元轉為 ASCII。

5. 試撰寫一程式，從使用者輸入一個整數，檢視它是否被 5 或 8 整除、或被 5 與 8 整除或無法被 5 或 8 整除。

```
1  n = eval(input('Enter a number: '))
2  if n % 5 == 0 or n % 8 == 0:
3      print('%d can be divided by 5 or 8.'%(n))
4  else:
5      print('%d can't be divided by 5 or 8.'%(n))
6  if n % 5 == 0 and n % 8 == 0:
7      print('%d can be divided by 5 and 8.'%(n))
```

Chapter 3 習題參考程式

1. 請以 while 迴圈撰寫 9 * 9 的乘法表。

```
1  i = 1
2  while i<= 9:
3      j = 1
4      while j <= 9:
5          print('%d*%d=%2d'%(j, i, i*j), end = ' ')
6          j += 1
7      print()
8  i += 1
```

2. 請撰寫一程式，讓使用者輸入一個正整數（<100），然後以三角形的方式依序輸出此數的階乘結果。

```
1  n = eval(input('Enter a number: '))
2  for i in range(1, n+1):
3      for j in range(1, i+1):
4          print('%4d'%(j), end = '')
5      print()
```

3. 請撰寫一程式，讓使用者輸入兩個正整數 a、b（a < b），利用迴圈計算從 a 開始的偶數連加到 b 的總和。例如：輸入 a=1、b=100，則輸出結果為 2550。

```
1  a = eval(input())
2  b = eval(input())
3  
4  total = 0
5  for i in range(1, b+1):
6      if i % 2 == 0:
7          total += i
8  print('total = %d'%(total))
```

4. 試撰寫一程式，由使用者輸入一正整數(<100)後，印出以下的左上三角形。

```
1  n = eval(input('Enter a number: '))
2  for i in range(n, 0, -1):
3      for j in range(1, i+1):
4          print('%4d'%(j), end = '')
5      print()
```

5. 試撰寫一程式，由使用者輸入一數字，然後印出 1 到此數字階層。

```
1  n = eval(input(''))
2  for i in range(1, n+1):
3      factor = 1
4      for j in range(1, i+1):
5          factor *= j
6      print('#%d! = %d'%(j, factor))
```

Chapter 4 習題參考程式

1. 試撰寫一程式，指示使用者輸入一個數值，然後求出此數不是 1 的最小因數。

```
1  num = eval(input('Enter a number: '))
2  factor = 2
3  while factor <= num:
4      if num % factor == 0:
5          break
6      factor += 1
7  print('The smallest factor is %d'%(factor))
```

2. 試撰寫一程式，指示使用者輸入兩個正整數，然後求出此數最大公因數。

```
1  num1 = eval(input('Enter a number1: '))
2  num2 = eval(input('Enter a number2: '))
3  gcd = 1
4  factor = 2
5  
6  while factor <= num1 and factor <= num2:
7      if num1 % factor == 0 and num2 % factor == 0:
8          gcd = factor
9      factor += 1
10 
11 print('The greatest common factor is %d'%(gcd))
```

3. 試撰寫一程式，使用者輸入一起始與終止區間的兩個正整數，其中起始數<=終止數，然後顯示出這一區間的所有質數，起始值不為 1。

```
1  start = eval(input())
2  end = eval(input())
3  for i in range(start, end+1):
4      isPrime = 1
5      divisor = 2
6      while divisor <= i / 2:
7          if i % divisor == 0:
8              isPrime = 0
9              break
10         divisor += 1
```

```
11        if isPrime == 1:
12            print(i, end = ' ')
```

4. 今有一選舉，其候選人有三位，共有十個投票者。試撰寫一程式，先顯示候選人的選單讓投票人選擇，假設你代替了這十個投票者。最後顯示每位候選人的票數。注意，可能會有廢票。

```
1   a1=0
2   a2=0
3   a3=0
4   none= 0
5
6   for i in range(1, 11):
7       print()
8       print('1: Peter')
9       print('2: Nancy')
10      print('3: Mary')
11      print('Which one do you prefer: ', end = '')
12
13      toll = eval(input())
14      if toll == 1:
15          a1 += 1
16      elif toll == 2:
17          a2 += 1
18      elif toll == 3:
19          a3 += 1
20      else:
21          none += 1
22
23  print('\nPeter: %d, Nancy: %d, Mary: %d'%(a1, a2, a3))
24  print('Invalid: %d'%(none))
```

5. 承上題，可否將上題在每一次投票後立即顯示每位候選人的票數。

```
1   a1=0
2   a2=0
3   a3=0
4   none= 0
5
6   for i in range(1, 11):
7       print()
8       print('1: Peter')
9       print('2: Nancy')
10      print('3: Mary')
11      print('Which one do you prefer: ', end = '')
12
13      toll = eval(input())
14      if toll == 1:
15          a1 += 1
16      elif toll == 2:
17          a2 += 1
18      elif toll == 3:
19          a3 += 1
20      else:
21          none += 1
22      print('Peter: %d, Nancy: %d, Mary: %d'%(a1, a2, a3))
23
24  print('\nPeter: %d, Nancy: %d, Mary: %d'%(a1, a2, a3))
25  print('Invalid: %d'%(none))
```

Chapter 5 習題參考程式

1. 試撰寫一程式，以一 multiply99() 函式顯示九九乘法表，以一函式 printStar() 印出 72 個 * 。

```
1   def multiply99():
2       for i in range(1, 10):
3           for j in range(1, 10):
4               print('%d*%d=%2d '%(j, i, i*j), end=' ')
5           print()
6   
7   def printStar():
8       for i in range(72):
9           print('*', end = '')
10      print()
11  
12  def main():
13      printStar()
14      multiply99()
15      printStar()
16  
17  main()
```

2. 試撰寫一程式，在 main() 函式中輸入一學生的分數，將此分數傳給一計算 gpa 的函式，最後顯示此分數的 gpa 為何。

```
1   def gpa(s):
2       if  90 <= s <= 100:
3           grade = 'A'
4       elif  80 <= s <= 89:
5           grade = 'B'
6       elif 70 <= s <= 79:
7           grade = 'C'
8       elif 60 <= s <= 69:
9           grade = 'D'
10      else:
11          grade = 'E'
12      return grade
13  
14  def main():
```

```
15        score = eval(input())
16        ss = gpa(score)
17        print('Your gpa is %c'%(ss))
18
19    main()
```

3. 試撰寫一程式，在 main() 函式中輸入一身高和體重，將此身高和體重傳給一計算 BMI 的函式，最後顯示此身高和體重的 BMI 為何。

```
1     def bmi(hh, ww):
2         bmi = ww / (hh/100)**2
3         if  bmi < 18.5:
4              return 'Under weight'
5         elif  18.5 <= bmi < 25.0:
6              return 'Normal'
7         elif 25.0 <= bmi <= 30.0:
8              return 'Over weight'
9         else:
10             return 'Fat'
11
12    def main():
13        #input height
14        height = eval(input())
15        #input weight
16        weight = eval(input())
17        bb = bmi(height, weight)
18        print('Your bmi is %s'%(bb))
19
20    main()
```

4. 試撰寫一程式，在 main() 函式中呼叫 totalAndmean() 函式，輸入十筆資料計算總和與平均數，最後將總和與平均數回傳給 main() 加以印出。

```
1   def totalAndmean():
2       total = 0
3       for i in range(1, 11):
4           n = eval(input())
5           total += n
6       mean = total / 10
7       return total, mean
8
9   def main():
10      sum, average = totalAndmean()
11      print('sum = %.2f, mean = %.2f'%(sum, average))
12
13  main()
```

5. 試撰寫一程式，在 main() 函式中輸入兩個點座標 x 與 y（x 和 y 皆為整數），將這兩座標傳給一計算此兩點之間距離的 distance 函式，並加以顯示這兩個點座標及其距離。

```
1   import math
2   def distance(x1, y1, x2, y2):
3       dis =math.sqrt((x2-x1) ** 2 + (y2-y1) ** 2)
4       return dis
5
6   def main():
7       a, b = eval(input())
8       c, d = eval(input())
9       dd = distance(a, b, c, d)
10      print('The distance of ((%d, %d), (%d, %d) = %.2f'%(a, b, c, d, dd))
11
12  main()
```

Chapter 6 習題參考程式

1. 試修改綜合範例 9，在 main() 函式中輸入兩個 2*2 的矩陣元素值，然後將這兩個串列傳送給 add() 函式用以相加這兩個串列，以及 show() 函式用以將串列印出。

```
1   ROWS = 2
2   COLS = 2
3   def add(lst1, lst2):
4       print('Sum of matrices')
5       for i in range(ROWS):
6           for j in range(COLS):
7               print('%3d'%(lst1[i][j]+lst2[i][j]),end = '')
8           print()
9
10  def show(alst):
11      for i in range(ROWS):
12          for j in range(COLS):
13              print('%3d'%(alst[i][j]), end = '')
14          print()
15
16  def main():
17      mat1 = []
18      mat2 = []
19      print('Enter matrix1: ')
20      for i in range(ROWS):
21          mat1.append([])
22          for j in range(COLS):
23              print('[%d %d]: '%(i+1, j+1), end = '')
24              mat1[i].append(eval(input()))
25
26      print('Enter matrix2: ')
27      for i in range(ROWS):
28          mat2.append([])
29          for j in range(COLS):
30              print('[%d %d]: '%(i+1, j+1), end = '')
31              mat2[i].append(eval(input()))
32
33      print('Matrix 1')
```

```
34        show(mat1)
35        print('Matrix 2')
36        show(mat2)
37
38        add(mat1, mat2)
39
40    main()
```

2. 請撰寫一程式，以習題 1 為參考樣本，在 main() 函式中輸入兩個 2*2 的矩陣元素值，然後將這兩個串列傳送給 multiply() 函式用以相乘這兩個串列，以及利用 show() 函式將串列加以印出。

```
1     ROWS = 2
2     COLS = 2
3
4     def multiply(lst1, lst2):
5         print('Sum of matrices')
6         for i in range(ROWS):
7             for j in range(COLS):
8                 print('%3d'%(lst1[i][0]*lst2[0][j] + lst1[i][1]*lst2[1][j]),
                        end = '')
9             print()
10
11    def show(alst):
12        for i in range(ROWS):
13            for j in range(COLS):
14                print('%3d'%(alst[i][j]), end = '')
15            print()
16
17    def main():
18        mat1 = []
19        mat2 = []
20        print('Enter matrix1: ')
21        for i in range(ROWS):
22            mat1.append([])
23            for j in range(COLS):
24                print('[%d %d]: '%(i+1, j+1), end = '')
25                mat1[i].append(eval(input()))
26
```

```
27        print('Enter matrix2: ')
28        for i in range(ROWS):
29            mat2.append([])
30            for j in range(COLS):
31                print('[%d %d]: '%(i+1, j+1), end = '')
32                mat2[i].append(eval(input()))
33
34        print('Matrix 1')
35        show(mat1)
36        print('Matrix 2')
37        show(mat2)
38
39        multiply(mat1, mat2)
40
41    main()
```

提示: 兩個 2*2 的矩陣相乘，其結果的矩陣相對的元素值為

$R_{0,0} = lst1_{0,0} * lst2_{0,0} + lst1_{0,1} * lst2_{1,0}$

$R_{0,1} = lst1_{0,0} * lst2_{0,1} + lst1_{0,1} * lst2_{1,1}$

$R_{1,0} = lst1_{1,0} * lst2_{0,0} + lst1_{1,1} * lst2_{1,0}$

$R_{1,1} = lst1_{1,0} * lst2_{0,1} + lst1_{1,1} * lst2_{1,1}$

所以 print 的敘述為

```
print('%3d'%(lst1[i][0]*lst2[0][j] + lst1[i][1]*lst2[1][j]), end = '')
```

3. 試修改綜合範例 15，在 main() 函式以隨機亂數的方式產生 100 個介於 1~1000 間的亂數，並置放於 randLst 串列中，然後將此串列傳送給 maxAndmin() 函式，找出此串列的第二大的數和第二小的數並加以印出。

```
1    import random
2    def maxAndMin(aLst):
3        aLst.sort()
4        for j in range(1, 101):
5            if j % 10 == 0:
6                print('%4d'%(aLst[j-1]))
```

```
 7            else:
 8                print('%4d'%(aLst[j-1]), end = '')
 9
10        print(aLst[1])
11        print(aLst[len(aLst) - 2])
12
13    def main():
14        randLst = []
15        count = 1
16        while count <= 100:
17            randNum = random.randint(1, 1000)
18            if randNum not in randLst:
19               randLst.append(randNum)
20               count += 1
21        maxAndMin(randLst)
22
23    main()
```

4. 試撰寫一程式，在 main() 函式輸入十筆資料於 alst 串列中，呼叫 meanAndsd() 函式，計算此十筆資料的平均數和標準差，最後將平均數和標準差回傳給 main()加以印出。

```
 1    import math
 2    def meanAndsd(lst):
 3        total = 0
 4        ss = 0
 5        for i in range(len(lst)):
 6            total += lst[i]
 7        mean = total / len(lst)
 8        for j in range(len(lst)):
 9            ss += (lst[j] - mean) ** 2
10        sd = math.sqrt(ss / (len(lst)-1))
11        return mean, sd
12
13    def main():
14        alst = []
15        for k in range(1, 11):
16            num = eval(input())
17            alst.append(num)
```

```
18        print(alst)
19        m, s = meanAndsd(alst)
20        print('mean = %.2f, standard deviation = %.2f'%(m, s))
21
22    main()
```

5. 修改綜合範例 7，在 main() 函式中呼叫 inputData() 函式，用以輸入三位同學各五筆 Python 的考試成績，並儲存於名為 lst35 的二維串列，接下來呼叫 totAver() 函式用以計算每位學生的總和和平均分數。

```
1     def inputData():
2         lst35 = []
3         for i in range(3):
4             lst35.append([])
5             print('#%d student'%(i+1))
6             for j in range(5):
7                 score = eval(input())
8                 lst35[i].append(score)
9         return lst35
10
11    def totAver(alst):
12        for i in range(len(alst)):
13            sum = 0
14            average = 0.0
15            for j in range(len(alst[0])):
16                sum += alst[i][j]
17                average = sum / 5
18            print('#%d student:'%(i+1))
19            print('sum = %d, average = %.2f'%(sum, average))
20            print()
21
22    def main():
23        lst35 = inputData()
24        totAver(lst35)
25
26    main()
```

6. 請撰寫一程式，讓使用者輸入兩個正整數 a、b，其中 a <= b，並將其傳遞給名為 compute()的函式，該函式回傳從 a 到 b 內（含）所有 Armstrong numbers 的串列。最後再將回傳結果輸出。

```
1   def compute(a, b):
2       lst = []
3       for i in range(a, b+1):
4           num_len = len(str(i))
5           tmp = 0
6   
7           for j in range(0, num_len):
8               tmp += ((i//(10**j))%10)**num_len
9   
10          if i == tmp:
11               lst.append(i)
12      return lst
13  
14  a = eval(input())
15  b = eval(input())
16  
17  armstrong_list = compute(a, b)
18  
19  for i in range(len(armstrong_list)):
20      print (armstrong_list[i], end = ' ')
```

Chapter 7 習題參考程式

1. 試撰寫一程式，產生 10 個介於 1 到 100 的亂數，並置放於名為 lst 的串列，再將此串列轉為數組後，印出串列和數組的元素。

```
1  import random
2  lst = []
3  for i in range(1, 11):
4      randNum = random.randint(1, 100)
5      lst.append(randNum)
6  print(lst)
7  
8  tup30 = tuple([x for x in lst])
9  print(tup30)
```

2. 試撰寫一程式，產生 10 個亂數置放於名為 lst 的串列，再將此串列轉為集合後，印出串列和集合的元素。

```
1  import random
2  lst = []
3  for i in range(1, 11):
4      randNum = random.randint(1, 100)
5      lst.append(randNum)
6  print(lst)
7  
8  set30 = set([x for x in lst])
9  print(set30)
```

3. 仿效綜合範例 14，此時檢視 set2 集合是否為 set1 的子集合、超集合。

```
1   def inputData(set10):
2       while True:
3           a = eval(input())
4           if a != -9999:
5               set10.add(a)
6           else:
7               break
8       return set10
9   def operation(set11, set12):
10      print()
```

```
11        print('set1 is a subset of set2:', set11.issubset(set12))
12        print('set1 is a superset of set2:', set11.issuperset(set12))
13
14    def main():
15        print('Input set1 data: ')
16        set1 = set()
17        inputData(set1)
18
19        print('Input set2 data: ')
20        set2 = set()
21        inputData(set2)
22
23        print('set1', set1)
24        print('set2',set2)
25        operation(set1, set2)
26
27    main()
```

4. 承綜合範例 15，當輸入資料後，檢視某一鍵值是否存在於詞典中，若有，則加以刪除其對應的資料，否則顯示'not found'的訊息。

```
1     dict10 = {}
2
3     while True:
4         print('Input key: ', end = '')
5         k = eval(input())
6         print('Input value: ', end = '')
7         v = eval('input()')
8         if k != -9999:
9             dict10[k] = v
10        else:
11            break
12
13    print()
14    print(dict10)
15
16    key = eval(input('Which key do you want to delete: '))
17    if key in dict10:
18        dict10.pop(key)
```

```
19  else:
20      print('not found')
21  print(dict10)
```

5. 試撰寫一詞典的運作程式。先製作一選單，其包含加入、刪除、查詢、顯示，以及結束等選項。使用者將從這些選項中選取一項加以處理。

```
 1  dict10 = {}
 2  def add():
 3      print('Input key: ', end = '')
 4      k = eval(input())
 5      print('Input value: ', end = '')
 6      v = input()
 7      if k not in dict10:
 8          dict10[k] = v
 9      else:
10          print('the key is already existed.')
11  
12  def delete():
13      print('Input key: ', end = '')
14      k = eval(input())
15      if k in dict10:
16          dict10.pop(k)
17          print(str(k) + ' has been deleted' )
18      else:
19          print('the key is not found.')
20  
21  def query():
22      print('Input key: ', end = '')
23      k = eval(input())
24      if k in dict10:
25          print(dict10.get(k))
26      else:
27          print('the key is not found.')
28  
29  def display():
30      for key in dict10:
31          print(str(key) + ':' + str(dict10[key]))
32  
```

```
33  def menu():
34      print()
35      print('1: add')
36      print('2: delete')
37      print('3: query')
38      print('4: display')
39      print('5: exit')
40      print('Which one: ', end = '')
41
42  def main():
43      while True:
44          menu()
45          choice = eval(input())
46          if choice == 1:
47              add()
48          elif choice == 2:
49              delete()
50          elif choice == 3:
51              query()
52          elif choice == 4:
53              display()
54          elif choice == 5:
55              break
56          else:
57              print('Try again.')
58  main()
```

Chapter 8 習題參考程式

1. 試撰寫一程式，以不定數迴圈輸入以：時、分、秒表示的時間數字，隨後將它拆解存放於串列。最後再將此串列印出。當輸入為 end 則結束輸入資料。

```
1   lst = []
2   while True:
3       str = input()
4       if str != 'end':
5           lst = str.split(':')
6         print('hour: %s, min: %s, second: %s'
                         %(lst[0],lst[1], lst[2]))
7       else:
8           break
```

2. 試撰寫一程式，輸入一變數名稱，然後判斷它是否為合法的變數名稱。假設取變數名稱的準則如下：

A. 第一個字元需要英文字母
B. 接下的字元可為英文字母或是數字
C. 不可以為其它符號

```
1   varName = input()
2   validVar = True
3
4   if not varName[0].isalpha():
5       validVar = False
6   else:
7       for i in range(0, len(varName)):
8           if not varName[i].isalpha() and \
               not varName[i].isdigit():
9               validVar = False
10              break
11
12  if validVar:
13      print('Valid variable name')
14  else:
15      print('Invalid variable name')
```

解析

上述的功能類似系統提供的 isidentifier()，你可以試試看此功能。如下所示：

```
if varName.isidentifier():
    print('Valid variable name')
else:
    print('Invalid variable name')
```

3. 試撰寫一程式，仿照綜合範例 14，輸入九個字串置放於一名為 lst 的字串，其長度不超過 10 個字元。接下來，每一列印出三個字串，並且向左靠齊。

```
1   lst = []
2   for i in range(1, 10):
3       str = input()
4       lst.append(str)
5   
6   for k in range(1, 10):
7       if k % 3 != 0:
8           print('|'+lst[k-1].ljust(15)+'|', end = '')
9       else:
10          print('|'+lst[k-1].ljust(15)+'|')
```

4. 試撰寫一程式，以一不定迴圈要求使用者輸入字串，檢視若字串是以 e 字元尾端，則將此字串加入 lst 串列中，最後將其印出。當使用者輸入的 end 時將結束輸入的動作。

```
1   lst = []
2   while True:
3       str = input()
4       if str != 'end':
5           if str.endswith('e'):
6               lst.append(str)
7       else:
8           break
9   
10  print(lst)
```

5. 試撰寫一程式，輸入一含有 20 字元以上的字串，請將字串中的字元屬性印出，如它是英文字母、或是數字、或是空白，或是其它的屬性。

```
1  str = input()
2  for i in range(len(str)):
3      if str[i].isdigit():
4          print(str[i] + ': is a digit.')
5      elif str[i].isalpha() and str[i].isupper():
6          print(str[i] + ': is upper alpha.')
7      elif str[i].isalpha() and str[i].islower():
8          print(str[i] + ': is lower alpha.')
9      elif str[i].isspace():
10         print(str[i] + ': is a space.')
11     else:
12         print(str[i] + ' is a symbol character.')
```

Chapter 9 習題參考程式

1. 試撰寫一程式，要求使用者輸入五個好友的姓名、電話，以及出生年、月、日。並將它寫入名為 friends.dat 的檔案。

```
1  outfile = open('friends.dat', 'w')
2  #write data to the file
3  for i in range(1, 6):
4      data = input()
5      outfile.write(data)
6      outfile.write('\n')
7
8  outfile.close()
```

2. 試撰寫一程式，以不定數迴圈輸入學生的姓名、Python 的分數，當姓名為 none 時，則結束輸入的動作，並將它寫入各為 scores.dat 的檔案。（至少輸入三位學生）

```
1   outfile = open('scores.dat', 'w')
2   #write data to the file
3   while True:
4       name = input()
5       score = input()
6       if name == 'none':
7           break
8       else:
9           outfile.write(name)
10          outfile.write(' ')
11          outfile.write(score)
12          outfile.write('\n')
13
14  outfile.close()
```

3. 試撰寫一程式，將習題 1 的 friends.dat 檔案開啓，並讀出其檔案內容後加以印出。

```
1  infile = open('friends.dat', 'r')
2  for i in range(1, 6):
3      info = infile.readline()
4      print(info)
5
6  infile.close()
```

4. 試撰寫一程式，將習題 2 的 scores.dat 檔案開啓，並讀出其檔案內容後加以印出。

```
1  infile = open('scores.dat', 'r')
2  info = infile.readline()
3  while info != '':
4      print(info)
5      info = infile.readline()
6
7  infile.close()
```

5. 試撰寫一程式，將習題 2 的 scores.dat 檔案開啓，計算 Python 的平均分數。

```
1   infile = open('scores.dat', 'r')
2   count = 0
3   tot = 0
4   info = infile.readline()
5   while info != '':
6       lst = info.split(' ')
7       tot += eval(lst[1])
8       count += 1
9       info = infile.readline()
10
11  average = tot / count
12  print('average score : %.2f'%(average))
13  infile.close()
```

附錄 B

認證簡章

 程式語言 (Python 3) 認證簡章

TQC+ 專業設計人才認證是針對職場專業領域職務需求所開發之證照考試。應考人請於報名前詳閱簡章各項說明內容，並遵守所列之各項規範，如有任何疑問，請洽各區推廣中心詢問。簡章內容如有修正部分，將於網站首頁明顯處公告，不另行個別通知。

壹、 認證簡述

一、 認證說明

運算思維（Computational Thinking）是描述結合工程和數學的思考方式，工程方面的務實及效率，數學方式的抽象描述問題及各種資訊的能力，善用這種能力，面對未來快速變化的社會，建構解決將會遇到複雜問題的能力。Python 是美國頂尖大學裡最常用的一門程式語言，功能強大、直譯式並且具有物件導向，常運用於科學運算、資訊處理、網站架構各方面。其簡潔易讀的特性，適合已有圖形化程式設計經驗，想進階學習文字式程式語言者，甚或無任何程式設計基礎之學習者。

因應目前程式設計蓬勃發展之際，本會籌劃「程式語言 Python 3」技能認證，以符合產業界內程式語言 Python 人才需求。本認證題型循序漸進、由簡入深，建立邏輯思考基本概念，掌握 Python 知識並熟悉語法應用，未來朝向大數據資料分析、機器學習及資料探勘各種方法的運用。

二、 認證舉辦單位

認證主辦單位：財團法人中華民國電腦技能基金會

三、 認證對象

TQC+ 程式語言 Python 3 認證之測驗對象，為從事軟體設計相關工作 1 至 2 年之社會人士，或是受過軟體設計領域之專業訓練，欲進入該領域就職之人員。

四、認證技能規範

類別	名稱
第一類	基本程式設計
	1. Python 簡介 2. 變數與常數 3. 指定敘述 4. 標準輸入輸出 5. 運算式 6. 算術運算子 7. 數學函式的應用 8. 格式化的輸出
第二類	選擇敘述
	1. if 2. if...else 3. if...elif
第三類	迴圈敘述
	1. while 2. for...in
第四類	進階控制流程
	1. 常用的控制結構 2. 條件判斷 3. 迴圈
第五類	函式（Function）
	1. 函式使用 2. 傳遞參數 3. 回傳資料 4. 內建函式

	5. 遞迴方法 6. 區域變數與全域變數
第六類	串列（List）的運作（一維、二維以及多維）
	1. 串列的建立 2. 串列的函式 3. 串列參數傳遞 4. 串列應用
第七類	數組（Tuple）、集合（Set）以及詞典（Dictionary）
	1. 數組、集合，以及詞典的建立 2. 數組、集合，以及詞典的運作 3. 數組、集合，以及詞典的應用
第八類	字串（String）運作
	1. 字串的建立 2. 字串的庫存函式 3. 字串的應用
第九類	檔案與異常處理
	1. 文字 I/O 2. 檔案的建立、寫入資料與讀取資料 3. 二進位 I/O 4. 編碼（encoding） 5. 異常處理

五、 軟硬體需求

1. 硬體部分

◆ 處理器：雙核心 CPU 2GHz 以上

◆ 記憶體：4GB（含以上）

◆ 硬 碟：安裝完成後須有 5GB 以上剩餘空間

- 鍵 盤：標準 AT 101 鍵或 WIN95 104 鍵
- 滑 鼠：標準 PS 或 USB Mouse
- 螢 幕：具有 1024 x 768 像素解析度以上的顯示器

2. 軟體部分

- 作業系統：Microsoft Windows 7、Microsoft Windows 10 以上之中文版。
- 應用軟體：Python 3.6。（path 目錄要勾到）
- 開發環境：推薦使用 Visual Studio Code。
  （下載網址：https://code.visualstudio.com/）

六、 認證測驗內容

本認證為操作題，第一至九類各考一題共九大題，除第四題 20 分外，其餘每題 10 分，總計 100 分。於認證時間 100 分鐘內作答完畢並存檔，成績加總達 70 分（含）以上者該科合格。

貳、 報名及認證方式

一、 本年度報名與認證日期

各場次認證日三週前截止報名，詳細認證日期請至 TQC+ 認證網站查詢（http://www.tqcplus.org.tw），或洽各考場承辦人員。

二、 認證報名

1. 報名方式分為「個人線上報名」及「團體報名」二種。

(1) 個人線上報名

A. 登錄資料

a. 請連線至 TQC+ 認證網站，網址為 http://www.TQCPLUS.org.tw

b. 選擇網頁上「考生服務」選項，進入考生服務系統，開始進行線上報名。如尚未完成註冊者，請選擇『註冊帳號』選項，填入個

人資料。如已完成註冊者，直接選擇『登入系統』，並以身分證統一編號及密碼登入。

c. 依網頁說明填寫詳細報名資料。姓名如有罕用字無法輸入者，請按 CMEX 圖示下載 Big5-E 字集。並於設定個人密碼後送出。

d. 應考人完成註冊手續後，請重新登入即可繼續報名。

B. 執行線上報名

a. 登入後請查詢最新認證資訊。

b. 選擇欲報考之科目。

C. 選擇繳款方式

系統顯示乙組銀行虛擬帳號，同時並顯示應繳金額，請列印該畫面資料，並依下列任何一種方式一次繳交認證費用。

a. 持各金融機構之金融卡至各金融機構 ATM（金融提款機）轉帳。

b. 至各金融機構臨櫃繳款。

c. 電話銀行語音轉帳。

d. 網路銀行繳款

繳費時可能需支付手續費，費用依照各銀行標準收取，不包含於報名費中。應考人依上述任一方式繳款後，系統查核後將發送電子郵件確認報名及繳費手續完成，應考人收取電子郵件確認資料無誤後，即完成報名手續。

D. 列印資料

上述流程中，應考人如於各項流程中，未收到電子郵件時，皆可自行上網至原報名網址以個人帳號密碼登入系統查詢列印，匯款及各項相關資料請自行保存，以利未來報名查詢。

(2) 團體報名

20 人以上得團體報名，請洽各區推廣中心，有專人提供服務。

2. 各科目報名費用，請參閱 TQC+ 認證網站。

3. 各項科目凡完成報名程序後，除因本身之傷殘、自身及一等親以內之婚喪、重病或天災等不可抗力因素，造成無法於報名日期應考時，得依相關憑證辦理延期手續（以一次為限且不予退費），請報名應考人確認認證考試時間及考場後再行報名，其他相關規定請參閱「四、注意事項」。

4. 凡領有身心障礙證明報考 TQC+ 各項測驗者，每人每年得申請全額補助報名費四次，科目不限，同時報名二科即算二次，餘此類推，報名卻未到考者，仍計為已申請補助。符合補助資格者，應於報名時填寫「身心障礙者報考 TQC+ 認證報名費補助申請表」後，黏貼相關證明文件影本郵寄至本會各區推廣中心申請補助。

三、 認證方式

1. 本項認證採電腦化認證，應考人須依題目要求，以滑鼠及鍵盤操作填答應試。
2. 試題文字以中文呈現，專有名詞視需要加註英文原文。
3. 題目類型
   (1) 測驗題型：
      A. 區分單選題及複選題，作答時以滑鼠左鍵點選。學科認證結束前均可改變選項或不作答。
      B. 該題有附圖者可點選查看。
   (2) 操作題型：
      A. 請依照試題指示，使用各報名科目特定軟體進行操作或填答。
      B. 考場提供 Microsoft Windows 內建輸入法供應考人使用。若應考人需使用其他輸入法，請於報名時註明，並於認證當日自行攜帶合法版權之輸入法軟體應考。但如與系統不相容，致影響認證時，責任由應考人自負。

四、 注意事項

1. 本認證之各項試場規則，參照考試院公布之『國家考試試場規則』辦理。
2. 於填寫報名表之個人資料時，請務必於傳送前再次確認檢查，如有輸入錯誤部分，得於報名截止日前進行修正。報名截止後若有因資料輸入錯誤以致影響應考人權益時，由應考人自行負責。

3. 凡完成報名程序後，除因本身之傷殘、自身及一等親以內之婚喪、重病或天災等不可抗力因素，造成無法於報名日期應考時，得依相關憑證辦理延期手續（以一次為限且不予退費），請報名應考人確認後再行報名。

4. 應考人需具備基礎電腦操作能力，若有身心障礙之特殊情況應考人，需使用特殊電腦設備作答者，請於認證舉辦 7 日前與主辦單位聯繫，以便事先安排考場服務，若逕自報名而未告知主辦單位者，將與一般應考人使用相同之考場電腦設備。

5. 參加本項認證報名不需繳交照片，但請於應試時攜帶具照片之身分證件正本備驗（國民身分證、駕照等）。未攜帶證件者，得於簽立切結書後先行應試，但基於公平性原則，應考人須於當天認證考試完畢前，請他人協助送達查驗，如未能及時送達，該應考人成績皆以零分計算。

6. 非應試用品包括書籍、紙張、尺、皮包、收錄音機、行動電話、呼叫器、鬧鐘、翻譯機、電子通訊設備及其他無關物品不得攜帶入場應試，違者扣分，並得視其使用情節加重扣分或扣減該項全部成績。（請勿攜帶貴重物品應試，考場恕不負保管之責。）

7. 認證時除在規定處作答外，不得在文具、桌面、肢體上或其他物品上書寫與認證有關之任何文字、符號等，違者作答不予計分；亦不得左顧右盼，意圖窺視、相互交談、抄襲他人答案、便利他人窺視答案、自誦答案、以暗號告訴他人答案等，如經勸阻無效，該科目將不予計分。

8. 若遇考場設備損壞，應考人無法於原訂場次完成認證時，將遞延至下一場次重新應考；若無法遞延者，將擇期另行舉辦認證或退費。

9. 認證前發現應考人有下列各款情事之一者，取消其應考資格。證書核發後發現者，將撤銷其認證及格資格並吊銷證書。其涉及刑事責任者，移送檢察機關辦理：

   (1) 冒名頂替者。

   (2) 偽造或變造應考證件者。

   (3) 自始不具備應考資格者。

   (4) 以詐術或其他不正當方法，使認證發生不正確之結果者。

10. 請人代考者，連同代考者，三年內不得報名參加本認證。請人代考者及代考者若已取得 TQC+ 證書，將吊銷其證書資格。其涉及刑事責任者，移送檢察機關辦理。

11. 意圖或已將試題或作答檔案攜出試場或於認證中意圖或已傳送試題者將被視為違反試場規則，該科目不予計分並不得繼續應考當日其餘科目。

12. 本項認證試題採亂序處理，考畢不提供試題紙本，亦不公布標準答案。

13. 應考時不得攜帶無線電通訊器材（如呼叫器、行動電話等）入場應試。認證中通訊器材鈴響，將依監場規則視其情節輕重，扣除該科目成績五分至二十分，通聯者將不予計分。

14. 應考人已交卷出場後，不得在試場附近逗留或高聲喧嘩、宣讀答案或以其他方式指示場內應考人作答，違者經勸阻無效，將不予計分。

15. 應考人入場、出場及認證中如有違反規定或不服監試人員之指示者，監試人員得取消其認證資格並請其離場。違者不予計分，並不得繼續應考當日其餘科目。

16. 應考人對試題如有疑義，得於當科認證結束後，向監場人員依試題疑義處理辦法申請。

參、 成績與證書

一、 合格標準

1. 各項認證成績滿分均為 100 分，應考人該科成績達 70（含）分以上為合格。

2. 成績計算以四捨五入方式取至小數點第一位。

二、 成績公布與複查

1. 各科目認證成績將於認證結束次工作日起算兩週後，公布於 TQC+ 認證網站，應考人可使用個人帳號登入查詢。

2. 認證成績如有疑義，可申請成績複查。請於認證成績公告日後兩週內（郵戳為憑）以書面方式提出複查申請，逾期不予受理（以一次為限）。

3. 請於 TQC+ 認證網站下載成績複查申請表，填妥後寄至本會各區推廣中心辦理（每科目成績複查及郵寄費用請參閱 TQC+ 認證網站資訊）。
4. 成績複查結果將於十五日內通知應考人；遇有特殊原因不能如期複查完成，將酌予延長並先行通知應考人。
5. 應考人申請複查時，不得有下列行為：
   (1) 申請閱覽試卷。
   (2) 申請為任何複製行為。
   (3) 要求提供申論式試題參考答案。
   (4) 要求告知命題委員、閱卷委員之姓名及有關資料。

三、證書核發

1. 單科證書：

   單科證書於各科目合格後，於一個月後主動寄發至應考人通訊地址，無須另行申請。

2. 人員別證書：

   應考人之通過科目，符合各人員別發證標準時，可申請頒發證書（每張證書申請及郵寄費用請參閱 TQC+ 認證網站資訊）。請至 TQC+ 認證網站進行線上申請，步驟如下：

   (1) 填寫線上證書申請表，並確認各項基本資料。
   (2) 列印填寫完成之申請表。
   (3) 黏貼身分證正反面影本。
   (4) 繳交換證費用

   申請表上包含乙組銀行虛擬帳號及應繳金額，請以轉帳或臨櫃繳款方式繳交換證費用。該組帳號僅限當次申請使用，請勿代繳他人之相關費用。

   繳費時可能需支付銀行手續費，費用依照各銀行標準收取，不包含於申請費用中。

(5) 以掛號郵寄申請表至以下地址：

105-58 台北市松山區八德路三段 2 號 6 樓

『TQC+ 專業設計人才認證服務中心』收

3. 各項繳驗之資料，如查證為不實者，將取消其頒證資格。相關資料於審查後即予存查，不另附還。
4. 若應考人通過科目數，尚未符合發證標準者，可保留通過科目成績，待符合發證標準後申請。
5. 為契合證照與實務工作環境，認證成績有效期限為 5 年（自認證日起算），逾時將無法換發證書，需重新應考。
6. 人員別證書申請每月 1 日截止收件（郵戳為憑），當月月底以掛號寄發。
7. 單科證書如有毀損或遺失時，請依人員別證書發證方式至 TQC+ 認證網站申請補發。

肆、 本辦法未盡事宜者，主辦單位得視需要另行修訂

本會保有修改報名及測驗等相關資料之權利，若有修改恕不另行通知。最新資料歡迎查閱本會網站！

（TQC+ 各項測驗最新的簡章內容及出版品服務，以網站公告為主）

本會網站：http://www.CSF.org.tw

考生服務網：http://www.TQCPLUS.org.tw

伍、 聯絡資訊

應考人若需取得最新訊息，可依下列方式與我們連繫：
TQC+ 專業設計人才認證網：http://www.TQCPLUS.org.tw
電腦技能基金會網站：http://www.csf.org.tw
TQC+ 專業設計人才認證推廣中心聯絡方式及服務範圍：

北區推廣中心

新竹（含）以北，包括宜蘭、花蓮及金馬地區
地　　址：105-58 台北市松山區八德路 3 段 2 號 6 樓
服務電話：(02) 2577-8806

中區推廣中心

苗栗至嘉義，包括南投地區
地　　址：406-51 台中市北屯區文心路 4 段 698 號 24 樓
服務電話：(04) 2238-6572

南區推廣中心

台南（含）以南，包括台東及澎湖地區
地　　址：807-57 高雄市三民區博愛一路 366 號 7 樓之 4
服務電話：(07) 311-9568

問題反應表

親愛的讀者：

感謝您購買「Python 3.x 程式語言特訓教材(第二版)」，雖然我們經過縝密的測試及校核，但總有百密一疏、未盡完善之處。如果您對本書有任何建言或發現錯誤之處，請您以最方便簡潔的方式告訴我們，作為本書再版時更正之參考。謝謝您！

讀者資料			
公司行號		姓名	
聯絡住址			
E-mail Address			
聯絡電話	(O)	(H)	
應用軟體使用版本			
使用的PC		記憶體	
對本書的建言			

勘誤表		
頁碼及行數	不當或可疑的詞句	建議的詞句
第　頁		
第　行		
第　頁		
第　行		

覆函請以傳真或逕寄：

地址：台北市105八德路三段32號8樓
中華民國電腦技能基金會 教學資源中心 收
TEL：(02)25778806 轉 760
FAX：(02)25778135
E-MAIL：master@mail.csf.org.tw

國家圖書館出版品預行編目資料

Python 3.x 程式語言特訓教材 / 蔡明志編著.
-- 第二版. -- 新北市 : 全華圖書, 2019.01
面 ; 公分
ISBN 978-986-503-024-7(平裝)

1.Python(電腦程式語言)
312.32P97 107022973

Python 3.x 程式語言特訓教材(第二版)

作者／蔡明志
總策劃／財團法人中華民國電腦技能基金會
執行編輯／王詩蕙
發行人／陳本源
出版者／全華圖書股份有限公司
郵政帳號／0100836-1 號
印刷者／宏懋打字印刷股份有限公司
圖書編號／1934201
二版五刷／2023 年 8 月
定價／490 元
ISBN／978-986-503-024-7 (平裝)
全華圖書／www.chwa.com.tw
全華網路書店 Open Tech／www.opentech.com.tw
若您對書籍內容、排版印刷有任何問題，歡迎來信指導 book@chwa.com.tw

臺北總公司(北區營業處)
地址：23671 新北市土城區忠義路 21 號
電話：(02) 2262-5666
傳真：(02) 6637-3695、6637-3696

中區營業處
地址：40256 臺中市南區樹義一巷 26 號
電話：(04) 2261-8485
傳真：(04) 3600-9806(高中職)
(04) 3601-8600(大專)

南區營業處
地址：80769 高雄市三民區應安街 12 號
電話：(07) 381-1377
傳真：(07) 862-5562